「稼ぐサラリーマン」の仕事術

キヤノンの掟

御手洗社長が直伝!

プレジデント編集部編 プレジデント社

キヤノンの掟

御手洗社長が直伝!

目次●contents

本書は、プレジデント二〇〇二年八月四日号「特集＝キャノン式儲かる仕事術」をベースに再編集したものです。

装丁――中城デザイン事務所

御手洗社長直伝!
できる上司の「7つの力」

みたらい語録
❶

私たちは、会社として
やるべきことを
確実に、着実に、
しつこくやっているだけです。
幸いわが社では、その
「やるべきこと」の決定と
実行の動きが速いのです。

「ボス」はトップダウンしろ

早い「決定と実行」を可能にする二つの要素

一九九五年九月、創業者の長男である前社長の急逝を受け、同じく甥に当たる御手洗冨士夫氏が社長に就任。二三年間にわたるキヤノンUSAでの実績、帰国後の経営改革や業績アップの実績等、御手洗氏は力強い指導力を発揮し、「着実に結果を出す」経営を実践してきた。二〇〇二年一二月期の連結純利益一九〇七億円は、ソニーを抜きハイテク企業トップの水準で三期連続の最高益を達成。二〇〇三年一二月期は連結純利益二七五七億円を上げ、四期連続で最高益を更新した。

私たちは、何か特殊なことをやっているつもりはまったくありません。会社としてやるべきことを確実に、着実に、しつこくやっているだけです。

幸いわが社では、その「やるべきこと」の決定と実行の動きが、割合に速いといえるようで、

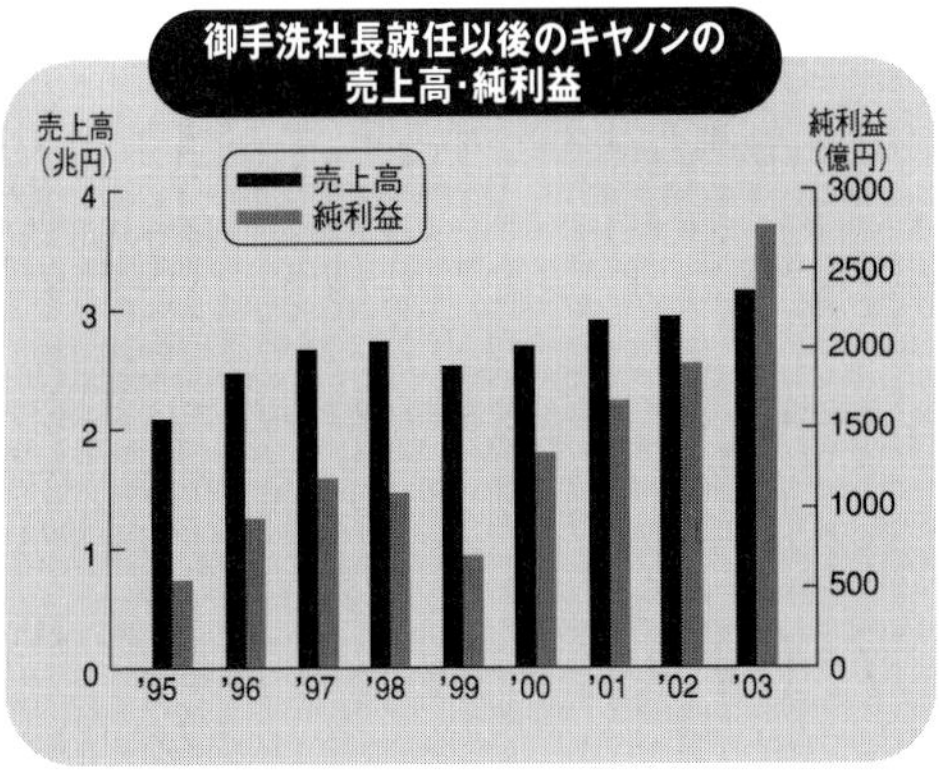

そこには簡単に言うと二つの要素があります。

一つは非常に明確な目標設定であり、もう一つはその目標を徹底的に伝え、実行に移していくコミュニケーションの仕方です。

明確な目標設定のためには、リーダーの果たす役割が決定的に重要です。目標設定ができる人間がいなければ、部隊全体が方向を間違えます。世界情勢、経済情勢、地理的情勢を読み取ったうえで、部隊の実力・環境・人・もの・金を把握できる能力も求められます。部隊の実力以上のことをやろうというリーダーでは困るわけです。

情勢判断を誤らない情報力、とりわけ数字力、その上に立って、ボトムアップに頼らないトップダウンの強固な意志、決定のための会議運営の仕方等々の力が必要なわけですが、これは実のところリーダーだけに限らず、すべての社員に求めたい大切なポイントです。

もう一つのコミュニケーションについても、私がアメリカで働いていた頃から痛感している人を動かす意思の伝え方、プレゼンテーション技術や、チーム力、個人のオリジナリティーを引き出す接し方、当節、無視できない外国語力についての考え方にいたるまで、挙げればいろいろありますね。

各論については後に譲りますが、最初に、私が考える人材論についてお話ししたいと思います。

キヤノンには、創立以来伝わる「三自の精神」という行動指針が示されています。「自発」「自治」「自覚」の三つのことですが、一言でいえば自己責任ということです。私自身もこの精神を徹底してきました。いつも自分自身を当事者の立場に置き、自分があって会社があるという姿勢を持ちながら、団体行動ができるような人間。これからは自立してものごとを判断し、自主的にきちんと行動できる人が必要です。

同時に、会社は団体戦ですから、どんなに才能があっても、個人の勝手な行動は許されません。このような人材こそ仕事人として、これからの日本企業を支えてくれるはずです。

美意識で終身雇用を謳うわけではない

御手洗氏は六六年から八九年まで二三年間アメリカに駐在した国際派だが、雇用については一貫して終身雇用の維持を明言している。同社に脈々と流れる「人間尊重主義」を象徴するのが終身雇用である一方、社員は二五歳で初めて登用試験を受け、その後の賃金カーブは、たとえば四〇歳になると同期でも給与が最大で二倍開くなど、厳しい実力主義人事を徹底している。キヤノンでは、終身雇用と公平な人事評価制度がセットとなって、社員のモラールアップに資するところが大きいようだ。

わが社は終身雇用であっても、年功序列ではなく、「平等ではなく公平」な実力主義の中で、皆が切磋琢磨していい競争をしております。

私は合理主義者ですから、美意識で終身雇用を大切にしているわけではなく、抜きん出た一部の人が社会をリードするアメリカの社会よりも、集団の平均点で勝る日本人の力を最大限に生かす制度としては終身雇用のほうが優れていると考えています。公平な人事評価制度の下、実力主義が機能すれば、終身雇用の中でも社員がだれることはありません。

キヤノンは約八万件の特許を持ちますが、技術者が終身雇用の下で安心して働いていたことも影響しているのだと思います。

アメリカ人は、会社に対する忠誠心よりは、よりよい職場を求めてつねに流動的です。また、アメリカでは同じ大学を出て、同じ会社に入っても一〇人が一〇人給料が違います。その会社がそのとき求めているのが化学の分野なら、化学系の人材を高く買います。

ところが日本の会社では、どこの大学を出てきても給料は変わりません。アメリカ人から見たらじつに不思議なことですが、日本人はそれが当たり前の感覚になっています。

その点、日本の社員は、入社当初から会社への愛着が感じられます。ひいてはそれが愛社精神となり、新入社員でさえ自社の悪口を言われると一生懸命弁解しようとしたりするのです。社員の信頼関係や連帯感が強いので、経営の立場からいうと、人材に対する教育投資もムダにならず、社内に知識や経験がどんどん蓄積されていきます。

日本がいいとかアメリカが悪いとかの問題ではなく、もともと社会の仕組みが違うのです。日本は長年、愛社精神と表裏一体の終身雇用でやってきているのですから、そのよさを生かしながら、弊害があればそれを正せばいいのです。

そんな考えから私は「給料を下げることはあっても会社都合による解雇は絶対にない」と、

終身雇用を宣言しながら、年功序列は採用しない実力主義を取ってきたのです。

経営にとって、集団が均一的で、コミュニケーションが取りやすいということは、リーダーが決めた目標の理解も行動も速いということです。それに一人ひとりの自主性が加われば、勝負強い集団になるでしょう。

最近は、世界同時不況ともいわれ、そういう時代でも社員が幸せに働くためには、事業で利益を上げることが不可欠ですが、会社の実力は社員の実力です。優秀な社員のいる会社こそ優れた企業といえるのです。

今、キヤノンはすべての主力事業において世界ナンバーワンを目指しておりますが、それを実行するにはまさに社員一人ひとりが持つ力をどこまで発揮できるかにかかっています。

数字力
——決算数字背後の「経営の本質」を見極める

「利益優先主義」を徹底するのはなぜか

数字力は、ビジネスマンの必修科目です。会社の経営は、すべて最後は数字に集約されるので、数字は経営行動のすべてを雄弁に語る「言語」であるといえるでしょう。

一見無味乾燥に見える決算書や財務諸表の数字が、そのつもりになって見ると、なまじの小説よりはずっと面白いドラマに見えてきます。

もちろんそのためには、新聞の連載小説を一回だけ読んでも面白さがわからないのと同じように、つねに継続的に決算書などをよく読み、数字に接する必要があります。そして、連載小説なら前回から筋がどう展開しているかを読み取るように、決算書などでも前期の数字との違いをチェックし、その背後に蠢く人や物や金の動きに思いを馳せるのです。

そしてそこに発見した数字のドラマ、つまり注目すべき変化について、文学では形容詞で表現するところを、経営では具体的な数字で認識し、表現します。経営を表現する言語は数字な

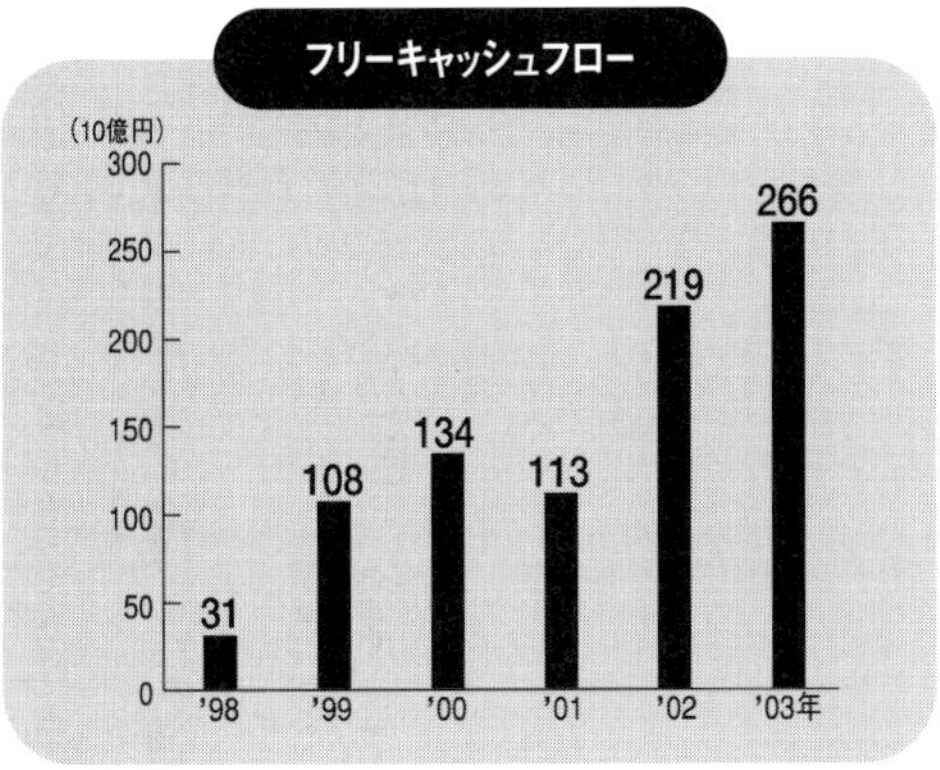
フリーキャッシュフロー
(10億円)
300
250
200
150
100
50
0
31
108
134
113
219
266
'98
'99
'00
'01
'02
'03年

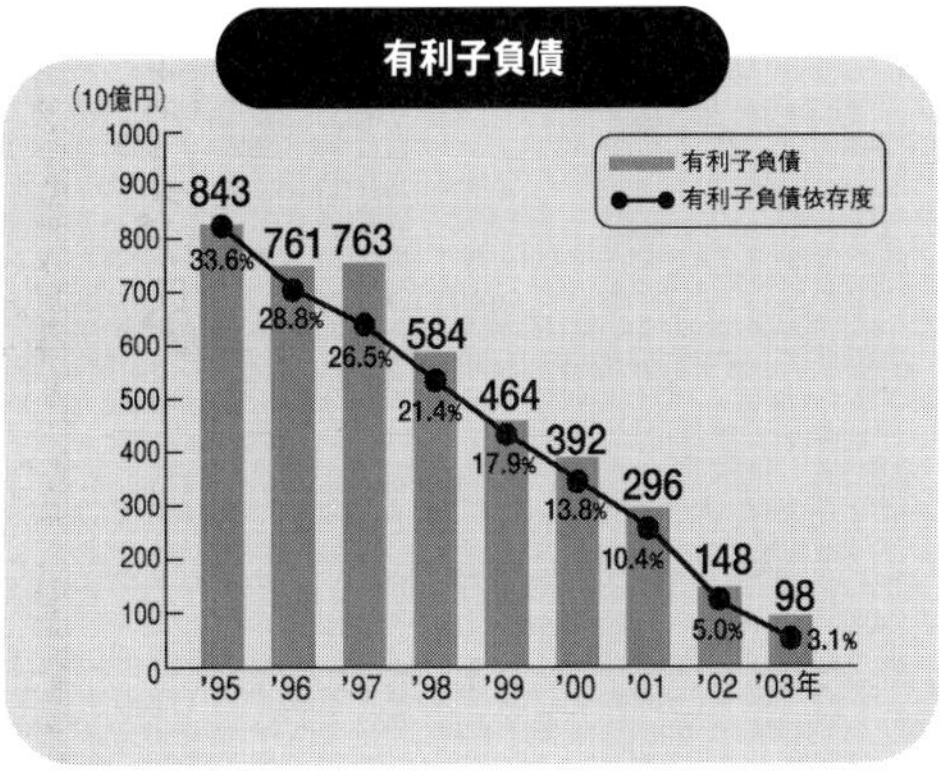
有利子負債
(10億円)
1000
900
800
700
600
500
400
300
200
100
0
有利子負債
有利子負債依存度
843
761
763
584
464
392
296
148
98
33.6%
28.8%
26.5%
21.4%
17.9%
13.8%
10.4%
5.0%
3.1%
'95
'96
'97
'98
'99
'00
'01
'02
'03年

のですから、去年と比べてどうだったのかというとき、「かなり向上した」というのでは話になりません。数字がなければ話にならない、つまり経営の「物語」はできないのです。少なくとも「何％向上した」といった具体的な数値をつねに意識し、それに親しむことで、数字が「物語」として自然に頭に入り、また人にその数字を「物語」として興味深く伝え、説得することもできるようになるというものです。

数字に強い御手洗氏の原点はアメリカでの体験にあるという。一九六六年、キヤノンＵＳＡの初決算で赤字を避けようとした御手洗氏は、広告宣伝費の支払いを先に延ばして利益を出す。しかし、実態は赤字だと知った税務署員から「売掛金をすべて回収し、定期預金にして帰国すれば五％は利子が稼げる」と言われ、金利以上の利益を出せないかぎり会社は続ける意味がないと悟る。

経営は数字であるという意味で、私が社長に就任して最初に行ったのは「利益優先主義」の徹底です。企業なのだから、利益を優先するのは当たり前だと言われるかもしれませんが、それが意外にそうでもないのです。

従来のキヤノンは研究開発や設備投資にどんどんお金を使い、足りなくなると社債で資金を調達するという繰り返しでした。投資分は、いい製品を作ってヒットさせればすぐ取り返せるという考え方できていたのですが、ヒット商品が出るまでの期間が長くなると、当然借金がかさみます。私が社長になった九五年には連結ベースで約八五〇〇億円の借金があり、総資産の中で有利子負債が三五％近くもあったのです。

これはいわばバランスシートという数字の「長編物語」をちゃんと読んでいない経営ということになります。年単位の業績を表す「短編物語」の損益計算書を、ちょっといじって見かけの利益を出すことは簡単ですが、バランスシートはこの損益計算書が何年も積み重なった結果できているのです。

有利子負債比率は五％を切る水準へ

私はこの借金体質を解消すべく、「短編物語」の集積である「長編物語」の書き直しに挑戦しました。私の頭の中にはさまざまな数字の物語が展開しました。その中で採用されたストーリーは、アメリカ時代に身についたキャッシュフロー（現金収支）経営の考え方で、お金の出入りを徹底的にチェックし、財務・バランスシートを改善することでした。

そこで、不採算部門だったパソコン事業や液晶ディスプレー（ＦＬＣＤ）事業からの撤退を断行し、さらにベルトコンベヤーからセル生産方式への切り替え、資材調達や製造過程の合理化をコンピュータ管理するＳＣＭ（サプライチェーン・マネジメント）の導入などによる経営革新で、徹底的なコストダウンを行いました。

私の描いた数字の「長編物語」はしだいに実を結び、フリーキャッシュフローは四年連続で一〇〇〇億円を突破し、有利子負債比率は、この七年間で五％を切る水準にまで下げることができたのです。

バランスシートの改善は、商品の売り上げを増やし、利益を稼ぐ努力もさることながら、メーカーでは、部品や製品在庫を抱えるコストがたいへん大きいために、保有する資産の圧縮とコストダウンが欠かせない。併せて、御手洗氏はバランスシートを連結ベースで評価する制度を導入し、連結経営で各事業部門と子会社の行動をチェックし、在庫の圧縮などの合理化を進めた。

たとえば、セル生産の導入によるベルトコンベヤーの撤廃は、全工場でのべ二万《メートル》（一九九八～二〇〇二年、以下同）に及び、七二万平方《メートル》の空きスペースができました。私は、社長になってからも全国の工場を回って現場を知っていますから、たとえばこの空きスペースが、工場五つ分以上になると見当がつきます。

また、セル生産で、工場で働く人二万七〇〇〇人以上が効率化できました。これは解雇したわけではなくて、契約社員の調整によって約一万人の人件費、つまり一人分の月給二〇万円として年間二四〇億円程度のコストダウンが進んだのです。さらに外部に借りていた倉庫も要らなくなる（二九カ所削減）など、製造の原価率がどんどん下がりました。

ビジネスマンにとって最高の共通言語である数字ですが、やはり現場を知らないと、このような物語は見えません。現場を知っているからこそ、一つの数字からいろいろなことを連想して、また新たな数字の「物語」を組み立てることができるのです。

販売会社の幹部にも、共通の数字があれば、「君のところ、今月よかったじゃないか」「いえ、実はこんな特殊事情があったので、来月は期待しないでくださいよ」などと分け隔てのない話もできます。私など、決算書か何か一枚あれば、そこからいろいろと「物語」を紡ぎ、人や製品や場所に想像をめぐらせて退屈することがありません。まあ、数字との付き合いにそんな楽しみが出てくれれば、本当の意味で「数字に強く」なったということなのかもしれません。

会議力――必ず結論を持っていけ

昼食時も会議に利用、出席率は一〇〇％

世間では会議の多い会社はよくないというイメージがありますが、トップの考えを伝え、社内のコミュニケーションを深めるのに、会議はたいへん重要です。わが社では各階層のさまざまな切り口の会議を繰り返し開いています。

ただし会議は短くなければいけません。キヤノンは標語の一つに「スピード＆クオリティ」を謳っていますが、会議も実のあるものをスピーディーにと心掛けています。

そのための鉄則は、「会議に結論を持っていけ」です。会議には必ず目的があって、どういう議題で開くから来いと招集されるわけですから、あらかじめ自分で考えた結論を持って出席し、互いの結論をぶつけ合いながら、調整していくべきです。どんな場合でも、会議の席に着いて、「さて、これから考えよう」などというのは言語道断、時間の無駄遣いです。

熟慮したうえの結論を持って会議に臨めば討論は短くて済みますし、一度の会合で物事が確実に決まります。私は常々、社員には「一回で必ず決めろ。二回、三回と繰り延べるな」と言っています。
実際、私自身も会議を次に持ち越したことはありません。必ずその場で決定するのです。

社内には会議室やミーティングスペースが数多く用意され、社員は必要に応じて関係者を集め、議論をする。「時間はコスト」の発想を持ち、一人ひとりのミッションや命題が明示されているので、結論が早く出る。また、職場の上下関係や部署同士の間の敷居が低いので、ある部員の提案によって、その上司や他部署の関係者がすぐに集まり、会議が始まるのもキヤノンの風土である。
プロジェクトの参加者による「わいがや会議」では、全員の間で計画の進行状況や課題についての情報共有化を図る。前行程で課題を洗い出し、全員参加の意識でプロジェクトを進めれば、問題が後で発生しにくいためである。

会議はさまざまな機会に開きますが、昼食時もよく利用します。一時間のうち五分ほどで食事をして、あとの五五分は皆でガンガン議論し合うわけで、時間を有効に活用できます。さらにいいことに、食事は誰でもしますから、昼食時に開けば出席率は一〇〇%です。早く終われば、雑談になることもあります。

御手洗氏は自身の経営哲学や手法について、あらゆる会議を通じて繰り返し説き続けている。月一回、全国にいる八〇〇人の幹部を集めて講話をする。組織横断的なテーマを話し合う経営戦略委員会では激論が交わされ、本部長の拡大経営会議は月三~四回、取締役会も月一回開かれる。毎年、国内の工場など全事業所を回り、不定期だが販売会社へも足を向ける。

そのほか、グローバルな会議、マーケティング会議など、各階層との意見交換の場に参加している。このような討議の積み重ねによって、全社員が同じ目標に向かう共通の価値観が生まれるという。社内外の人が頻繁に訪れる社長室もある意味で会議室の機能を持つ。

会議では、研究開発のアイデアを製品化するかどうかの検討もいたしますが、手続きとしては経営会議や事業審査会を経て、最後は取締役会でこのビジネスを進めるかどうか決定します。会社として何十億円の投資になるケースもあります。

その場合はあるルールを決めていて、製品化して三年で最初の判断をします。うまく進んでいれば続けて、ダメなものはそこで打ち切ります。

三年でやめずに継続した場合でも、五年で採算が取れなければ、例外なく事業を停止するのが原則です。ずるずると引っ張られても、有限な経営資源のムダとなります。このような案件では、厳格なルールを決めておくのが、物事をスピーディーに決めることにつながるのです。

信頼関係が生まれ、権限の委譲も進む

毎朝、日課としている会議もあります。役員による朝会議です。会社は八時半に始まりますが、役員は七時半までに全員出社します。私は七時二〇分には会社に着き、決裁書にすべて目を通して判子を押し、秘書と二人で次々と仕事を片づけていきます。この時間は、電話はかかってこないし人も来ないので、仕事がどんどんはかどるのです。

ひと仕事終えた後、八時から九時頃までが朝会議です。就業開始の八時半に現場に戻らなければならない者は三〇分で引き揚げて、残れる人だけで話を続け、仮に討論が途中でも九時には解散します。特別必要ならば当事者だけ残ってやればいいわけです。朝会議は事前のお膳立てもなく、経済情勢、社会情勢について誰言うともなくディスカッションが始まり、忌憚のない意見が交わされます。新聞の切り抜きやわが社の記事が雑誌に載っていれば、それを題材に

して、お互いに読んで感想を述べ合ったり、わが社に関するおかしな記事があれば「何だ、これは」と、びっくりするといったぐあいです。

最近ならイラク問題、株の値動き、年金問題など、あらゆることが話題に上り、雑談になりますが、それでいっこうに構わないのです。毎朝のことですから、一、二年もすれば、森羅万象、世の中で起こるたいていの事象についてみなで話し合っていることになります。こういう問題についてあの人はこう考え、この人はああ発想するのかと、自然とわかってきます。こうして毎日の雑談や討論を通じてお互いを知り合い、共通の価値観が生まれるのです。

役員が集まって一つの結論を出すにも、おのおの考え方は違うわけですが、ディスカッションを通してお互いを認識し合っていますから信頼関係があり、権限委譲も安心してできるのです。わが社には稟議書もありません。役員は毎朝の会議でお互いに考え方を調整し、キヤノン流の価値観や文化を共有していますから、世界中飛び歩いて自分一人その場で決断を下しても、みなの意見と食い違うようなことはまずありません。それは社内の役員だからこそできることです。役員一人ひとりが会社を背負っているという自負があるのです。

ですから、役員が多くて会議が機能しないということもありませんし、最近は社外取締役制度の導入などを進めるところもありますが、今、私はその必要はないと考えております。

プレゼン力——自分で考え抜いた明快な言葉で話せ

「沈黙は金」は通用しない

私は入社五年でアメリカへ赴任しましたので、日本での管理職の経験はありません。マネジメントはアメリカで身につけました。向こうで営業にしろ経営にしろ、ビジネスにはコミュニケーションを主体としたプロセスがいかに重要か、実際に肌で体験しました。コミュニケーション力、プレゼンテーション技術を私はアメリカで徹底的に鍛えられたのです。

御手洗氏は三〇歳から五三歳までの二三年間、キヤノンUSAで経理、営業マン、副社長、社長を務め上げた。アメリカ人がまだ誰も「キヤノン」ブランドを知らないころ、ディーラーを体当たりで回り、英語力を磨き、国際的な営業感覚を身につけて、凄まじい競争社会の中、体を張って市場を切り開いたのである。

アメリカではもちろん言葉の壁が立ちはだかりました。部下にいかに自分の考えを伝えるか、ディーラーにどう食い込むか、それはもう苦労の連続です。ブロークンの英語を気にする余裕もなく、体当たりでぶつかるしかありません。

アメリカでは「沈黙は金」は通用しません。黙っているのはその人に語るべきものがないからだと思われてしまうのです。しゃべらなければ誰も自分を認めてくれない、自分から語らなければ存在意味もない。理解するどころか、相手にもしてもらえません。話をすれば相手がわかっているのかどうか、その顔色でだいたいわかりますから、とにかく自分から口を開くことです。そうしなければビジネスも何も始まりません。

日本人社会なら長年同じ釜の飯を食った者同士、あうんの呼吸もあるでしょうが、アメリカ人相手ではそうはいきません。自分と同じレベルまで相手にわからせるには、徹底したコミュニケーションが必要だということを嫌というほど思い知らされました。

自分の考えを理解させるには、誰にでもわかりやすい単純で明快な言葉を使わなければなりません。それも自分で考え抜いた言葉が必要です。目標設定も戦略も、複雑なことを言ってもわかってもらえない、わからなければ人も組織も動かないことをいやおうなしに経験しました。

しかもアメリカは個人主義の社会で、彼らは自立心の強いたくましさを見せる半面、時に利己的で、自分本位に勝手に解釈する傾向があります。言葉も文化も違いますから、よほどわかりやすく話さなければこちらの真意は伝わらず、人は動いてくれません。

そういう社会で鍛えられた、その経験が今に役立っているようです。日本に戻っても、コミュニケーションが人を動かし、会社を動かすという信念は変わりません。

プレゼンテーションや英語に才能のない人間はどうすればいいかと嘆く人もいますが、そんな才能など私にもありません。人間の能力には大した差などなく、誰も皆、同じようなものです。たゆまぬ努力と強い意志、それだけです。やろうという強い意志を持って切磋琢磨するしかありません。そして、それ以上に大事なのは伝えたいという熱意や情熱でしょう。

熱意が人を動かすことを、御手洗氏は在米体験で学んだ。八三年冬、強い静電気の起こる米北部で卓上用複写機のトラブルが相次ぎ、ディーラー二〇〇人がキヤノンを訴える決起集会を計画した。その前日、一人のディーラーがこの複写機には恩があると、援護射撃をしてくれ表彰状を授与してくれた。

御手洗氏は感涙に咽びながら、並み居るディーラー一〇〇〇人の前で全身汗まみれになって、「気候の違う日本ではこのトラブルは予測できなかった。今、われわれは死に物狂いで解決しようとしている」と熱弁を振るった。彼の熱い思いが伝わったのか、翌朝、訴追集会には一人も姿を見せなかった。

ボーナス時は、幹部八〇〇人と握手する

情熱だけあっても論理的な議論を行わなければ組織は動かないと言われますが、論理性は努力さえすれば十分磨けるものです。そして、自分の意思が本当に伝わっているかどうか、確かめるには現場を見ることです。目標を設定し、実行に移し、チェックするために、最新の生きた情報を与えてくれるのが現場です。人から伝え聞いたのでは他人の感覚に頼ることになりますから、現場へ行って自分の目で確認するのです。

キヤノンには役員食堂がありません。社員食堂で一般の社員に交ざって食事をすることも多いので、隣に座った人と話をします。私から社員のほうに行くんですよ。

ボーナスの時は、八〇〇人の幹部一人ひとりに手渡しして、「元気そうだな」「おお、あなたも偉くなったなあ」「半年間、本当にご苦労さんでした」などと言って、出席した人全員と握手をいたします。手が腫れてきて、疲れますが、その触れ合いがとても好きなんですよ。私は人と会って話をするのが楽しいんです。

今はＩＴ機器に頼って、目の前の人ともメールでやりとりをする人がいますが、あれはせっかくのコミュニケーション・チャンス、会話のきっかけを、わざわざ摘んでしまっているといっても過言ではありません。

会話というのは、相手の言葉に触発されて、こちらも口が動くというものでしょう。相手の反応を確かめながら交わして初めて、意味のあるものになるのです。

ＩＴネットは、情報を全世界に一度に瞬時に流すツールとしてはたいへん優れているでしょう。情報を一方的に伝えるには非常に効率的です。

しかし人と会話をする、相手とコミュニケーションを取るという点では、メールよりも電話のほうがはるかに優れています。今は世界中どこへでも四六時中かけられ、私のように即座にその場で結論を出したい人間にとって、リアルタイムで相手の肉声を聞ける電話は、ＩＴネットよりずっと役立ちます。今のところコミュニケーションの手段としては、電話に優るツールなしと、私は思っています。

Ｅメールだと、気づいたら送られてから数時間も経っていて、状況が変わっていることもありえます。テレビにしてもインターネットにしても、一方的に情報を送るだけで反論を受けることもないまま、世にまかり通っていると思い込む危険性も忘れてはならないでしょう。

目標設定力——常に「全体最適」を考えろ

トップダウン型で経営する理由

「会社としてやるべきことを着実にしつこくやっていく」ために、私はつねづね、各階層のトップに「目標は自分でつくれ」と言っています。

会社全体の目標なら社長の私が、事業部全体なら事業部長、各部は各部長が、どういう会社にするのか、会社をどう持っていこうか、それぞれが自ら考えて目標を立てるのです。

下からの意見を吸い上げるボトムアップを大事にしろという話をよく耳にしますが、部下が計画を立てて上司が承認する、経営スタッフが考えた目標に社長が目を通して「よかろう」などというスタイルは、少なくともわが社では通用しません。目標設定は、権限のあるトップが的確に行うことが絶対に必要です。トップダウンというと独裁的ではないかという批判もありますが、ボトムアップこそトップが自らの責任を回避しているといえないでしょうか。

わが社は社長以下、全社一貫してトップダウンで決定し、次の実行段階へ進めています。目標を立てるということは、そうそう単純で簡単なことではなく、社会のあらゆる要素、さまざまな情報が頭に入っていなくてはできることではありません。

キヤノンの場合でしたら、まず現在の経済・金融・国際関係および技術面など、おのおのの情勢を日本国内だけでなく世界的な規模で捉えていなければならないのです。幅広い要素を把握していなければ、先の予測などとてもできませんから、適正な目標設定もできるはずがありません。五年計画を立てるなら、向こう五年間の多方面にわたる情勢を予測できる情報や知識が必要です。そのようなデータが多ければ多いほど、いい目標が立てられます。

社外の情勢を摑んだうえで、今度は社内に目を向け、自社のヒト・モノ・カネの状況を正確に把握することが不可欠です。会社全体の目標なら全社の、各部の目標なら、それぞれの部における実力が、どの程度のものかを正しく認識していなければ、誰が目標を立てたところで実行不可能な絵に描いた餅になり、組織や人は針路を見失ってしまうことでしょう。

繰り返し考え、現場で確かめる

トップが自分で目標を考えたら、次にそれを達成するためにはどうしたらよいか、アイデアを出します。これが戦略です。

目標を自分自身で考え、実現可能か否かを検討しているからこそ、こうしたらああなる、あしたらこうなると、必然的にアイデアがわいてくるはずです。そうすると目標を達成するためにはどうしようかと自ら戦略を考えるようになります。

さらにディスカッションをどう進めるか、あるいは実行部隊はどうリストアップしていくかと、具体的な方策が見えてくるのです。

計画の次は実行です。自分の戦略が本当に実行されているかどうか、自分で考えたものであれば、どうしても自ら確かめたくなり、自然と現場へ足が向かうはずです。

現場へ行って、自分の立てた目標や計画が実績を挙げているか、自分の目で追跡し、現場の人間と意見交換もします。目標を設定し、実行に移し、チェックするために、最新の生きた情報を与えてくれるのが現場です。人から伝え聞いたのでは他人の感覚に頼ることになりますから、現場へ行って自分の目で確認するのです。

数多くの現場の豊富なデータを自分の目で見て、次の事態を考える。そしてまた現実の情報を仕入れるために現場に足を運ぶ。「演繹と帰納」、頭で考えることと現場を自分の目で確かめることの繰り返しのために、私はずっと現場主義を通しています。

こうして初めて、ビジネスの計画と実行は途切れることなく、絡まることもなく、一つの線につながり完結します。
「上の者がまず口を開け、アイデアや戦略を打ち出せ」と、私はつねづね言っています。その後には当然、多方面でディスカッションが交わされますが、まずはトップが口を開く、これが私の言うトップダウンです。

御手洗氏は自らトップダウンの社内改革を断行してきた。なかでも利益優先主義への舵取り、キャッシュフロー経営への切り替え、ベルトコンベヤーを廃しセル方式へ移行した生産革新、そして不採算事業の撤退は、増収増益に大きく貢献した。不採算部門にはパソコンや液晶表示装置・FLCディスプレーなど、一時は社運を懸けた事業もあり社内の抵抗は大きかったが、断固、トップダウンによる目標設定と説得を貫いていった。

上に立つ人間の中でも、上にいけばいくほど当然ながら、トップダウン型のリーダーシップは重要になってきます。たとえば、課長なら部下十数人から数十人で構成される一つの部隊の世界で、目標や戦略を考えます。部長になれば数人の課長の世界が見え、複数の部隊を基にそれを考えます。事業部長はいくつかの部を、役員は事業部をいくつか持ち、より広い世界が見えています。

おのおの階層のトップはそれぞれ物事を決めるときの条件が違い、上へいくほど、より広い世界を視野に入れて考えられるわけですから、上の人間ほど正しい判断ができ、より適切な目標設定が可能なはずです。

「全体最適」を考えて行動しろ

私はよく「全体最適」という言葉を口にします。ふつう、課長はまず自分の課の最適な状態を考え、部長は部全体の利益を最優先に考えるでしょう。事業部長は事業部の利益を一番に求めます。これは「部分最適」です。

しかし、企業経営という観点から考えるとやはり会社全体、トータルで利益が上がることが一番効率がいいわけです。ですから、私は事業部長はもちろんのこと、部長や課長も、自分の部や課の「部分最適」ではなく、事業部全体や会社全体の利益を求める「全体最適」を考える習慣を身につけなさいと言っています。つまり、一人ひとりの幹部、ひいては社員全員が社長と同じ視野を持てということです。

かつてはわが社もそうでしたが、事業部制が行きすぎると、各事業部が自分の事業利益を最優先して会社全体の利益が見えなくなり、無駄がたくさん出てきます。
たとえば複数の事業部が同じ国にそれぞれ独自の工場を建てたり、販売部門が在庫を子会社に押しつけたりと、「企業内企業」になって非常に効率が悪くなるのです。こうした縦割り組織の壁を取り払い、全社的なレベルで仕事を捉えなければ高収益企業にはなれません。

御手洗氏が社長就任当初、事業部制の行きすぎの弊害が顕在化していた。ある事業部で過剰人員を抱えているにもかかわらず他の事業部ではあらたに人を雇い、ある子会社は金が余っているのに別の子会社は銀行から借りたりと、無駄な経営が随所に見られた。同氏は連結経営の導入、事業部門の枠を超えた経営委員会の設置など、事業部の「部分最適」から、会社の「全体最適」経営へと大きな変革を行った。

社長は、つねに会社全体の効率が上がるように全体サイクルで事業を考えなければなりませんが、社員もそういった「全体最適」を考えて行動することはたいへん勉強になるうえ、会社の業績向上にも貢献します。
若いときからその習慣を身につけることが、会社の業績に貢献するだけでなく、そのまま自分の仕事術のレベルアップにつながることはいうまでもないことなのです。

指導力――相手を理解した上で説得し、承諾を得よ

会社の中で部下を動かす、部下の力を引き出すために、リーダーには相手を説得するための知識や理論を構成する力、話し方の技術などいろいろな能力が必要です。

しかし、一番大事なのは、相手を理解する力でしょう。相手のことがわからなければ、相手に合わせた説得はできませんし、相手も自分をわかってくれない人には心を開きません。

御手洗氏はアメリカ駐在で多くの苦労を経験した。時には失敗もしたし、痛い目にも遭った。部隊のリーダーとして部下を説得する、意思を伝え、ビジネスをしていくために、幾度もコミュニケーションの大切さを学んだという。

相手を理解するには、その数だけのインターフェースが必要です。つねに同じ目線で話をする。同じ世界で話をする。人の世界に入っていくには、自分を曲げないといけない場合もある。ある意味で自分を殺さないといけないので、私にとっては修業でもありました。

職場の人間関係は「説得と承諾」で動いています。上司と部下の関係だけで命令をして、部下が「はい」と言っても、本気でないかもしれません。心から真剣に動いてもらうには、本人の説得と承諾という行為が必要です。

部下はどういう人間なのか。相手を理解したうえで、どのように説得すれば本気で聞いてもらえるかがわかるのです。部下も自分を理解してくれる人に心を開く。逆に、自分を理解してくれない人には心は開きません。

説得に熱心になるあまり、相手の言うことを聞かない人がいますが、これでは、その説得そのものが成功しないでしょう。むしろ相手にしゃべらせ、相手の本音を引き出すことが肝要なのです。説得場面では発信より受信のほうが難しいといえるかもしれません。

ボスは上ばかり見る「ヒラメ」になるな

上司と部下の関係でいえば、部下のほうから働きかけて上司を動かす場合もあります。部下は上司の課長を動かすことができれば、その課を動かしたことになる。組織では、説得と承諾で、上司を動かせる人が勝つんです。

私は最近、情報は待つのではなく、取りにいくものだと思うようになりました。取りにいくといっても、まずは相手に何くれとなく話しかけること。とくに、重い口をなかなか開かない相手には、待っていないでこちらから話しかけることが大切です。

相手を知る努力は、ビジネスの場に限らず、誰でも熱心にやったことがあるはずです。たとえば、私はいつも社員に冗談まじりに、「君たちも、奥さんと結婚するとき一生懸命相手を説得しただろう。そのために相手を知ろうとしただろう。その情熱をビジネスに生かせばいいんだよ」と言っています。

相手を知れば相手から引き出せるものもわかりますし、リーダーが描いているビジョンを伝え、共有しやすくなります。こうなったとき、そのチームは真の力を引き出され、本当の強さを発揮できるはずです。

また、チーム力を引き出すためには、ボスは上ばかり見る「ヒラメ」になってはいけないと思います。トップダウンで、責任を持って部下の説得を行うことが、チームの力を引き出すためにも上司の資質として必要だと思います。

独創力――まず「こうありたい」との想いを持て

キヤノンは、イギリスの特許管理会社から「日本で一番特許管理が進んでいる会社」と折り紙をつけられました。

たしかにわが社の特許取得数は世界に誇れるものですが、これは長期雇用でありながら年功序列ではない評価制度と無関係ではないでしょう。

きちんとした表彰制度を設けて実力主義、競争原理を取り入れているので、つねに社内に切磋琢磨する雰囲気があり、それが現場を活性化しています。社員のオリジナリティーを育てるには評価制度が重要なポイントの一つです。

キヤノンの二〇〇三年の米国特許取得は、IBMについで二位を占める。現在保有している特許は約八万件。これは、継続的に研究開発を奨励してきた成果だ。同社は知的財産権の戦略を強力に推進し、特許料収入などで大きな成果を上げている。

**2003年米国特許登録件数
上位10社**

総合	日本企業	権利者	件数
❶		IBM	3,415
❷	❶	キヤノン	1,992
❸	❷	日立製作所	1,893
❹	❸	松下電器産業	1,786
❺		HEWLETT-PACKARD	1,759
❻		MICRON TECHNOLOGY	1,707
❼		INTEL	1,592
❽		KoninKLijke	1,353
❾		Samsung	1,313
❿	❹	ソニー	1,311

（米国商務省2004年1月12日暫定発表）

仕事にオリジナリティーをといっても、その掛け声だけで独創的なものが出てくるほど甘いものではありません。四六時中仕事のことを考えていて、その緊張感の中から生まれてくるものだからです。アイデアや創意工夫とは一瞬のひらめきではなく、地道な研究の果てに生まれるものです。これは技術系でも事務系でも同じことです。

日夜こうした努力を続ける中で、かつてある新聞で、「キヤノンは先が見えない」と言われたことがあります。しかし一体、先が見える企業などあるでしょうか。もし、先が見えているのであれば、銀行とか家電各社とかの現在の状況は生まれていないはずです。

ただ、個人でもそうであるように、企業も「こうありたい」という気持ちは持っています。創意工夫が生まれるためには、まず、五年計画とか三年計画とかという目標が不可欠です。そこで、その目標に向けて、どうすればいいのかという仮説を立てます。見えていれば仮説は必要ないわけで、見えないから仮説を立てるのです。

そしてその仮説を実証し、合っていればそのまま進み、違っているとわかれば軌道修正する。その繰り返しなのです。

「個人の創造性」が会社を救った

たとえばデジタルカメラの場合、以前世間に先がけて作った電子スチルカメラで失敗した体験があります。当時は、普通のカメラに取って代わるものではないと判断して、「パソコンの入力装置」という位置付けで電子スチルカメラを発売しました。

一方、他社はディスプレーを付けて「カメラの代替物」として売り出しました。カメラ出身の私はこれはうちのほうが路線を間違えていると考えて、「入力装置路線」を切り替えることにした。もともとカメラの技術はあります。そこで急いで軌道修正をして、市場競争に間に合わせたのです。しかし、見通しを誤ったために、三年出遅れました。

この原則は、技術系だけではなく、事務系にもあてはめて考えられます。仕事の中で何らかの仮説を立て、実証するプロセスは同じだからです。そこから生まれる発見は、どんな小さなものでもどこかで生きてきます。

ちなみに、デジタルカメラの迅速な軌道修正に役立ったのは、デジタル関係のパテントを私の会社が最も多く持っていたということでした。個人の創造性を評価していくことが、会社を救うことにもつながるという好例です。

外国語力——相手に交わり積極的に声を出せ

ビジネスに使える、生きた外国語を早く身につけたいと言われても、勉強に王道はないというのが常識でしょう。

しかし一つだけ言えることは、言葉というものは、体験を伴って初めて生きたものになるということです。それを実感したのは、アメリカへ赴任した直後でした。一番とまどったのが、レストランへ行ったときのことです。メニューのほとんどは、どんなものが出てくるのか見当がつきません。知らないものを頼むと、出てくるまで不安でたまりませんから、結局、味がわかっているステーキばかり食べていました。

言葉の裏付けになる体験を豊富にするには、やはり現地に住むのが一番です。ですから、海外赴任を命じられたら喜んで行くべきでしょう。そして、これが肝心なのですが、できるだけ日本人と付き合わないようにすることです。不安を抱えていますから、どうしても日本人の中に入りたくなるのですが、それは最低限にとどめないと、何年いても言葉になじめません。

また、本当の国際人とは、日本人として培った伝統や文化や行動形式を持ち、そのうえで相手の文化を理解し、知識・教養として身につけている人を言います。英語が下手でも、相手に交わり、積極的に話すことが必要です。

苦しくても、耳に慣らすこと。わからなくても、英語のニュースを聞いていると、だんだん聞き取れるようになるものです。

熱意だけは人一倍あった

アメリカへ赴任したのは、一九六六年だった。ベトナム戦争の帰還兵がたくさん乗っている飛行機の中から、御手洗氏の英語との格闘が始まった。半年後、本社の業績悪化で、担当するはずだったカメラの直販が延期になった。そこで自ら志願し、ブロークンな英語で、世界初の10キーつきの電卓を売って歩いた。その御手洗氏と今話していても、ほとんどカタカナ言葉が出てこない。それは現在、日本の会社で働く日本人だから当たり前と言う。

私はもともと英語が得意だったわけではありません。しかし、何とか伝えなければという熱意だけは人一倍あったと思います。同僚からは、文法を気にしないものすごい英語だとあきれられました。まさに英語においても「常在戦場」というありさまでしたが、それを支えてくれたのは家族でした。とりわけ妻は、英文科出身で英語ができましたので、現地ではずいぶん助けられました。二〇〇二年に亡くなりましたが、葬式では思わず「戦友」という言葉が口をついて出ました。

そうした時代と違って、外国語習得については恵まれた時代になり、日本にいても学ぶチャンスがたくさんあります。私も、朝早く起きると、英語のニュースを聞いています。ニュースの英語は正確ですから、自分の英語力をメンテナンスする役には立っています。東証情報を聞く前に、ウォールストリートの状況がわかりますので、仕事にも役立てています。

外国語の習得には、とにかくその言語に接する機会をたくさんつくることが大事です。それも、黙読ではなく音声で接することです。言語習得の天才である幼い子どもが、まずは音声から身につけていくことが、いい参考になるはずです。

販売トップが伝授！売れる営業幹部の「5つの習慣」

みたらい語録
❷

プレゼンテーションの才能など
私にもありません。
たゆまぬ努力と強い意志、
それだけです。
それ以上に大事なのは
伝えたいという
熱意や情熱でしょう。

朝の使い方が一日の仕事を決める

三〇年近くに及ぶ北米駐在は、私*にビジネスの基本を叩き込んでくれました。商売の厳しさやマナーは同じ日本人を相手にしたやり方ではまるで通用いたしません。厳しく辛い経験もありましたが、それによって商売の難しさも醍醐味も随分と学ばせてもらいました。

初めて海外に赴任したのは、一九七一年、三一歳のときのことでした。キヤノンUSAの仕事は、かの地でカメラの自社流通網を築くことです。七三年になると、カナダ行きを命じられ、カメラなどの販路拡大のため、国中を飛び回り、その先々でレンタカーを使い、電話帳を片手に飛び込み営業をする毎日でした。

カナダ駐在の五年間は、私のビジネス人生の中でも、特に商売の考え方の礎を築く経験となりました。

カナダの子会社は、たかだか三〇人の組織です。皆で力を合わせて、いろいろと仕事の工夫を考えました。

たとえば、朝の時間の使い方。一日の始まりであるこの時間をどう活用するかで、仕事や商

＊村瀬治男　キヤノン販売社長

キヤノン販売の経営データ（連結・2003年）

売上高	7570億3300万円
経常利益	141億1200万円
純利益	70億4200万円

※100万円未満は切り捨て

売の流れは大きく変わってしまいます。

オフィスの始業は九時ですが、午前八時までには全員出社します。

早朝出社で何をするかというと、当番の一人が、出勤前に郵便局へ寄り、袋詰めにされた当社宛の郵便物を持ってくるのです。それを受付から倉庫担当まで、肩書やポジションに関係なく、全員が汗だくになって開封し、内容を仕分けするわけです。

郵便物は、ディーラーからの商品の発注書もあれば、弊社宛の質問や商品の苦情の手紙などが混ざっている。顧客からの発注分については九時の始業前までに全部伝票を打つ。そのコピーを倉庫に回す。すると、倉庫の担当者はすぐに出荷の準備をする。するとその日の午後三時には顧客に出荷できるわけです。在庫がなければ、顧客に連絡をして、いつ発送できるかお伝えします。

仮に、郵便物が届くまで待って、作業をしたら、受注した商品の発送は翌日以降になってしまいます。その日受注したものは、その日のうちに出荷する。お客さまにとっては一日でも早く商品が手に届いたほうがいいわけです。

早起きは三文の徳といいますが、ことに営業のような仕事では、朝方仕事のメリットはたいへん大きいといえるでしょう。

いまでも、七時には家を出て、七時半には会社に着くようにしています。九時の始業時間までに、前日夜に入っていた連絡のチェック、今日すべき社内の連絡、必要な決裁などはすべて終えてしまいます。

朝は、仕事の電話も入らず、気分もフレッシュなので、仕事がはかどる。始業時間になれば、新しい仕事にすぐ取りかかれる。

朝方仕事が一日を充実したものにするわけです。

粘り腰の営業「辻説法」を徹底せよ

カナダ駐在時代は、売り上げのほとんどはカメラでしたが、いまでは、当社の売り上げは、オフィス向けの複写機やファクシミリ、コンピュータなどの販売とシステム構築を提供するシステムインテグレーション分野が売り上げの六〇%に上ります。その他、一般消費者向けのカメラ、プリンター、スキャナなどが三〇%、半導体製造装置や医療用機器など産業分野が一〇%となります。

このうちの一般消費者向けの分野でも、カメラだけでなく、いまでは、デジタルカメラやスキャナなどの商品も加わり、取引先も伝統的なカメラ店さんだけでなく、家電量販店などのチャンネルも大きくなりました。時代とともに、商売の手法を柔軟に変えることが必要です。

そこでいま、家電量販店向けに力を入れているのが「辻説法」です。

「辻説法」とは、家電量販店のバイヤーさんや売り場の担当者の方々に、当社の商品について説明することをいいます。

辻説法をやる一つ目の目的は、売り場担当やバイヤーさんにキヤノンのファンになってもらおうというものです。二つ目は、巨大な家電量販店ならではの事情があります。

家電量販店の中には、銀塩カメラ（いわゆるフィルムを使うカメラ）を扱っていないところもあります。また、バイヤーさんや売り場の担当者は、カメラはカメラ担当、デジタルカメラはパソコン・周辺機器担当、ビデオカメラはＡＶ担当など、商品を扱う担当者が分かれている場合が多いわけです。

そのため、売り場の担当者はそれまでキヤノンがお付き合いをさせていただいていなかったり、すべての商品の担当者にコミュニケーションが行き届いていなかったりということがありました。さらに、最近は、商品点数も多いうえに、ライフサイクルも短く、どんどん新しい機能が付いたものが生まれてくる。そこで、キヤノン製品と品質をよりよく理解していただき、お客さまにお勧めいただくために、「辻説法」を始めたのです。

「辻説法」のやり方は、お店が閉店し、仕事が一段落した後に、売り場の担当者のお時間をいただいて、弊社の営業マンがデジタルカメラやプリンターなどの新商品や技術の説明をさせてもらうというものです。午後八時や九時といった遅い時間からの勝負です。説明会といってもフォーマルなものではなく、その場で販売員に声をかけて、皆でハンバーガーを齧りながら話をするといったカジュアルなものです。実際に現物をいじったり、撮影したりしながら商品を理解してもらうわけです。

新商品の発売時などは説明会を開き、ビデオやスライドなども使いプレゼンをしています。しかし、先方も非常に忙しいので、参加する時間も限られます。こちらの都合だけで、指定した日時に会場にお越しいただき一方的に説明をするだけでは、なかなかご理解はいただけません。

「辻説法」は、プレゼンなどの格好にこだわらず、草の根的に何度も何度もこちらから足を運ぶ。時間はかかりますが、地道にこういうことを積み重ねていかないと、なかなか店頭の一人ひとりにまでキヤノンの良さは伝わりません。そこから信頼関係も生まれるわけです。辻説法は部門全体で、年間一万回を目指しています。

それにしても感心するのですが、家電量販店の皆さんは、いつ寝るんだろうとこちらが心配するほど、朝から晩までよく働かれます。この熱気に負けないように、私どもも粘り腰でやっているわけです。

デジタルカメラなどは、他社に比べて有力商品の投入が大幅に遅れたのですが、おかげさまで、現在ではシェアトップを争うほど好評な売れ行きです。その背景には、夜ごと販売店に赴き「辻説法」を繰り返していた営業マンたちがいるわけです。銀塩カメラで培った、光学メーカーとしての技術力やカメラとしての完成度を訴えることで、家電量販店でもずいぶんと売っていただきました。

今後の課題のひとつがデジタルビデオカメラです。デジタルビデオは、品質には自信がありますが、アメリカやヨーロッパと比べ、日本ではまだまだキヤノンの名前が認知されていない。それをきちんと理解していただければ、もっと売り上げは伸ばせるはずです。そのために、粘り腰の営業努力が大事なのです。

「のりしろ」が組織の壁を壊す

カナダ時代は、皆でわいわいがやがやと話をして、意思の疎通も早かった。小所帯ゆえにできたことですが、私は、アットホームな雰囲気と、ひと声かければみんなに通じるキヤノンの経営の原点と相通じるものを感じます。

キヤノン販売も昔は小さな組織で、何事をやるにもすぐに声が届く良さがありました。人数も少ないですからよその部署の仕事でも助け合いますし、お互いに何をやっているかを知り、組織の壁はできにくい雰囲気がありました。

ところが組織が大きくなると、どうしても役割は細分化して、自分で何もかもやるということがなくなる。さらに、お互いに他人のやっていることに干渉しなくなる。組織肥大化のデメリットです。私はここで声を大にして「よその仕事に干渉せよ。いい意味での野次馬になれ」と言いたいのです。

このことを別の言葉で表現すれば、「のりしろの部分を持て」ということになるのでしょうか。自分の守備範囲から、もうちょっと、横に縦に広げてものを考える。そうすれば、他の部門と貼り合わせたときに両方の面をカバーする仕事ができるし、会社全体を貫く、仕事の本質が見えてくるのです。

「自分の仕事はここまで、これは私の仕事ではありません」という態度や姿勢で仕事をしていては、本人も会社も発展はありません。

のりしろでつなげる部分は、課と課でもいいし、部と部、事業部と事業部であっても構わない。また、セクションを超えたクロスオーバーであってもいい。

なぜ、私がこのようなことを言うのかといえば、たとえばビジネス機器を納入しているお客さまは主に法人となりますが、その後ろには社員や家族の皆さんが控えている。皆さん一人ひとりがキヤノン製品のお客さまなのです。ですから、「このお客さまとは事務機だけでお付き合いしているので、カメラとは関係ありません」というのではいけません。つながりというのは、あらゆるところに潜み、広がりがあるのです。

また、のりしろを持つと、同じことでも、こちらの事業部と他の事業部でまったく捉え方が違っているということもわかります。いろんな面から物事を捉えることができ、物事の本質を見るのに役立つ。

「自分の仕事じゃないけれど、ちょっとこっちの話も聞いておこう」という態度は、本人の成長にとってものすごく栄養になります。

もちろん、自分のメーンの仕事が何であるかを認識しないと、どこがのりしろの部分かわからなくなります。そこをしっかり押さえたうえで、さらに、周りに目配りする「のりしろ」を持てということです。

稟議書なし、スピード決裁で先手必勝

営業は粘り腰が大切ですが、仕事のフローにおいては無駄を省くことが重要です。無駄なプロセスが多いとそれだけ時間だけかかって、仕事の精度は悪くなります。

無駄の代表が稟議書です。昔から弊社には稟議書はありません。決裁のプロセスを合理化するために、弊社では、ITを使って、リアルタイムに決裁ができる仕組みをつくりました。いままでは、ほとんどの案件はその日のうちに決裁が回って来ます。

だいたい、課長が判子押して、部長が押して、とやって、ようやく私のところに来るまでに、もうその案件は進んでいるというケースも多かったわけです。それでは決裁の手続きなど必要ないじゃないかというと、法的に承認しているというプロセスが大切だというんですね。しかし、本来、決裁は案件を実行する前にしないと意味がないわけです。

弊社の決裁パターンでは、たとえば、広報部長が決裁して、次は本部長の手元にあるという案件も、私のコンピュータ上で手にとるようにわかるのです。私が駄目だと思ったものは、すぐに断ることができる。

「こういう理由でできない」、あるいは「ここが抜けているから調べ直せ」と言って、担当者に返せばいいのです。私のところに回って来るまでの無駄な時間もなくなりますし、どこがボトルネックになっているのかも早い段階でわかるわけです。

次のステップとして、私は権限委譲を明確にしました。

こういう金額の規模の案件は社長マター、この規模は各カンパニーのトップといったように決裁権を移していったわけです。

決裁を例にしましたが、このように社内のフローで、短くできるものは無駄を省いて短くすることで、仕事の能率は格段に上がります。

私の社長室には豪華な応接セットはありません。その代わりに会議机を置いています。簡単な打ち合わせや会議は、ここに人を呼んでその場で結論を出す。何事も素早くスピードが求められている時代には、ぴったりの小会議場ではないでしょうか。

顧客には即対応でファイル不用

カナダ時代に学んだことの多くは、今も私の血となり肉となっています。その基本となるのは、常にお客さまに軸を置いてものを考えるということです。お客さまの立場で考え、お客さまのためにすべきことを、素早く行う。それが営業の基本だと体得した五年間でした。

日本でカメラの営業をしていたときは、問屋さんとのお付き合いが多く、営業の軸は、問屋に置いて動くことが多かったように思います。

ところが、カナダ時代に現地のマネジャーにこう言われたのです。

「ムラセ、お客さまはどこにいるんだ。たとえディーラーから手紙が来ても、その後ろにいるお客さまのことをまず意識しろ。お客さまを自分に置き換えて仕事を考えろ」

この言葉は私の心をグサリと刺しました。「お客さまに軸を置け」が彼の口癖でしたが、いろいろと勉強をさせてもらいました。

また、彼はファイルキャビネットを、いっさい持ちませんでした。ファイルは仕事を後回しにするためのものだというのが彼の持論でした。

たとえば、会社に何か問い合わせのFAXが来るといたしましょう。そもそも問い合わせが来るというのは、こちらに落ち度があるからかもしれません。私たちは、それに対してすぐ答えなくてはなりません。すぐに対応すれば、その書類は必要なくなります。それをファイルの中にどんどん溜め込むというのは、迅速に対応しないで、処理を後回しにしていると、彼は見るのです。

ことは苦情や問い合わせだけではありません。必要だと思い、情報をファイルに溜めておいて、それで仕事を終えた気になってしまう。悪い場合は、後回しでなく、顧客に対応をしないこともある。早く対応すれば、必要な書類は限られる。机の上に山積みされた書類は、せっかくの顧客を待たせている証拠だと自らを戒めるべきです。

毎日毎日きちんと処理して、お客さまに答えを返していけば書類は溜まりません。私も彼に倣って、ファイルキャビネットは持っていません。

書類を溜めないということは、「お客さまを、常に意識する」という営業の基本に通じることなのです。

いま当社の主力事業となっているシステムインテグレーション分野などは、まさにお客さまのニーズを汲み取るビジネスです。法人顧客向けに業務プロセスの改善に必要なシステムを提供するのですが、他社に負けない競争力を持つためには、やはり、お客さまのことを理解し、何を欲しているのかを見出す力がなくてはなりません。そのためにも、お客さまの立場でものを考え、お客さまのためにすべきことを素早く行う、そういう営業の基本原則を身に付けていることは必須といえるでしょう。

書類を溜めない、つまりお客さまにすぐに対応するという発想は、これからますます重要となってくるものだと思っています。

強い管理職が証言！
現場のリーダー
「4つの行動特性」

みたらい語録
❸

チーム力を引き出すためには、
ボスは上ばかり見る
「ヒラメ」になっては行けない。
トップダウンで、責任を持って
部下を説得し、承諾を
引き出すことが
重要です。

「WHAT思考」営業マン

「顧客の顧客」が望んでいることとは

二〇〇三年三月二四日の日本経済新聞朝刊に「JTB店頭で高速印刷―旅行パンフレット電子化」という見出しが躍った。

四月から、旅行パンフレットの電子化を始めるというものだ。電子化とは、従来は印刷所で刷っていたパンフレットを、店頭で印刷すること。それを可能にしたのが、キヤノンの複合型複写機「カラーイメージランナー iRC3200N」だ。これにより、随時変更される旅行代金や旅行内容に合わせ、最新の情報を盛り込むことも可能となった。JTBでは、年間一一〇〇種類、二億部強のパンフレットを制作している。その作製コストは年間一〇〇億円を超えていたが、電子化により二割削減できるという。

JTBは同機種を一〇〇〇台導入した。この商談を成功させたのが、流通サービス第二営業本部第一営業部販売第二課の市川修課長をリーダーとする部隊だ。総勢七名。旅行業や人材派遣業などのサービス業の法人顧客をターゲットに、事務機器やコンピュータなどのシステムを提供している。

「システムやハードにとらわれない提案を考える――これが私たち販売第二課の基本姿勢です。『この商品をどうやって売ろうか』という発想を出発点として提案すると必ず失敗します。どんな優れた商品や新開発の技術でも、それが価値があるかないかは、顧客の判断でしかないわけです。それを『この製品はこんなにすごいんですよ、お客さん』と押しつけても、まったく意味をなさない。それは単なる売る側の都合なわけです。『自社都合最大化』でなく、『顧客価値最大化』でなくてはだめなのです。機器の機能ひとつ見ても、必ず顧客の立場から判断するようにしています」

市川は、モノを売っているのではなく、顧客に利便性を提供しているのだと、「商品価値」から「使用価値」への発想の転換をしたのだ。

ＪＴＢが複合型複写機を導入した決め手の一つは、画像圧縮や高速高品位印刷などキヤノン商品が持つ技術だった。しかし、市川はＪＴＢに対して、技術先行の営業手法を取らなかった。では、販売第二課は顧客に対して、具体的にどのような提案を行っているのだろうか。市川のアプローチは、ごくシンプルだ。「こんなことが実現できたらいいな」という思いを、顧客にストレートに提案することから始めたのである。

「例えば新しい機能を持った複合型複写機が発売されたりすると、『この商品を使えばこういうことが実現しますよ』という提案をしてしまいがちです。そうではなく、ＪＴＢさんの店頭でどんな接客をしてもらったら自分なら嬉しいか、ということを考えるのです。それを『物語』にしてみるわけです。うちにある商品をどう当てはめるか、というのは、その物語の後にくることなのです」

ストーリーをまとめ上げた時点で、「うちにはこんな素材（商品・システム）があります」という手法を取ったのだという。

「キヤノンはコンピュータメーカーではないですから、自社製品に縛られることなく、最適な組み合わせを提供することができます。例えば、複写機はキヤノンのものを使いますが、コンピュータはA社、ソフトウエアはB社のものと、物語を実現させるために、素材を探し、繋ぐ努力は惜しみません」

もちろん、物語は、念入りに収集した情報で肉づけがされる。あらゆる方向から徹底して業務分析を行う。頻繁に顧客企業に通い、担当者と話をすることで、現場の生のデータも拾う。

例えば、マイナス成長下、低収益で苦しむ旅行業界は、各社とも利益体質の強化に躍起になっている。そこで物語には、いかにコストを削減できるかという視点が重視された。また、旅行業はパンフレットなど紙資源を大量に使う業界である。環境問題にも配慮したいというJTBの意向も感じて、それも物語に盛り込んだ。

一方で、市川は自分の発想が素人のものだということを、逆に強みに変えて、提案に活かしている。

「JTBさんなら旅行業など、お客さまはその業務に携わっているプロですから、私たちがどんなに勉強してもその道のプロにはかないません。しかしプロでも見落とすことがあります。素人だからこそわかることがあるのです。押しても駄目なら引いてみろ、ではないですけど、プロは押すことしか考えないところで、引いてみたらどうなの、と考える。業界の常識にとらわれない発想で提案をすることが大切だと思います」

「紙芝居」で提案し、顧客の意見を確認する

市川流の営業スタイルには、一風変わったひと工夫も見られる。

「紙芝居をつくるんです。『○○物語』などとタイトルをつけて、本当に物語の流れを紙芝居にします。JTBさんの場合は、近未来の店頭で、こんなサービスや接客法をされれば、絶対、

お客さんは申し込むはずだ、といった内容のものでした。

紙芝居をつくるのは何のためかというと、まずは先方にきちんと理解してもらうこと。頭の中で考えている段階では、人に説明して『伝わる』かもしれないけれど、本当に『理解』してはもらえません。紙芝居はシンプルでわかりやすいですし、紙芝居に落とし込む作業で自分の理解も深まります。

もう一つは、顧客の意見を確認し合う手段になるということです。こちらが提案する物語がそのまま受け入れられるということはほとんどありません。必ず修正が入る。そのときに、紙芝居があれば、どこが問題なのかを明確にすることができるのです。目に見える形で示さずに、ただ口頭で説明するのでは、『いいね、そんなことができたら』というだけで、深い商談に展開しないのです」

ハイテク企業のキヤノンではあるが、パソコンを使ったスマートなプレゼンではなく、市川は紙芝居という地味だが人間臭いやり方を選んだ。交渉自体も、物語を考えて提案する、というと聞こえがいいが、実際は、それをきっかけとして数カ月から、ときには年単位の粘り腰の交渉が続くことになる。

「考えた物語が実現するような商品がすぐに揃って、商談もすぐ取れることなど滅多にありません。でも、提案した物語から生まれるものはたくさんあるのです。例えば、物語を面白がってくれた人が、『じゃあこんなこともできるの？』とか、『これに似た話で、いまこんなことが社内で課題になっている』などと反応を示してくれたらしめたものです。では、そのためにはこういうシステムはどうでしょうなどと、詰めの話に発展することができるのですから」

「WHAT」「HOW」「DO」「CHECK」

市川の営業手法の背景には、「WHAT」「HOW」「DO」「CHECK」の四つのサイクルを意識した思考法がある。

なかでも、市川が最も重要だと考える部分がWHATである。WHATとは文字通り、顧客にとって魅力的な「何か」を提案することを指す。つまり「物語」である。

「我々のやっているソリューションビジネスでは、WHATをお客さまに聞くのではなく、自分から提案しなくてはなりません。よく部下には『おまえはプロの料理人になれ』と譬え話をするのですが、どんな料理を出すのか、どうしたらお客さまが喜ぶかを考えるのが料理人の仕事です。お客さまのことをよく知り、料理を食べたお客さまの喜んだ顔を想像しながら、どんな料理を出すのかストーリーをつくる。これが『WHAT』です。

あとは、その料理をどう作るのかという『ＨＯＷ』がくる。これは料理のために必要な食材の組み合わせを考えたり、スパイスや鍋などを用意したりすることに譬えられるでしょう。そして、実際に調理するのが『ＤＯ』です。そのあと、料理の味はどうだったか、お客さまが満足したか、一連の流れを反省するのが『ＣＨＥＣＫ』ですよね。これは営業の流れでも同じなわけです」

なかでも、いかに独創的な提案（＝ＷＨＡＴ）を考えられるかが、競合他社との差別化に繋がるという。商品主体での企画では、同業他社も同じレベルの提案力を持っている。そうなると、あとは価格競争になり、利益を犠牲にしながらお互いの首を絞め合う悪循環に陥ってしまう。そこには陥らないで闘うための武器がＷＨＡＴの持つ提案力なのだ。

アイデアを次々に打ち出す市川だが、さらに先を読んだ次の一手がビジネスモデル特許の出願である。

「我々の仕事は、毎回新しい仕組みづくりをしているのです。やってきたことをきちんと残せば財産になると思うんです。そこで、大きな商談のときには必ずビジネスモデル特許の申請を頭に置いています。構築したシステムの要素の中で、他のケースにも展開できる汎用性のあるビジネスの仕組みがあるのではないか。例えば、今回のＪＴＢさんのケースだと、必要な部分を必要な部数だけオンデマンドで印刷する仕組みなどは、カタログやパンフレットを扱うビジネスなら、非常に幅広い範囲で展開ができるのではないかと思います」

そういった現在のビジネスの要素だけでなく、それをベースに、未来の技術を想定した特許も出願するのだという。

「ビジネスモデル特許には、技術的な裏づけはいりません。だから、いまやっているビジネスの仕組みをもとに発想して、『こういうことができるようになるだろう』というビジネスの仕掛けを特許申請するのです。それが、知的財産として、将来の会社の利益を生むことになれば、と思っています」

キヤノンは技術での特許において世界的に評価されている。「特許で稼ぐ」ことで会社の体質を強くすることはお家芸といってもいいだろう。キヤノン販売でも「ものになりそうな特許はどんどん申請しろ」と、親会社に負けず、ビジネスモデル特許の申請を奨励しているという。

何のために情報を共有するのか

「既成概念にとらわれない提案力」「自社都合最大化から顧客価値最大化へ」、さらには「紙芝居」や「ビジネスモデル特許」といったユニークで斬新な発想は、どのような日常から生まれてくるのか。

市川の一日は、朝三〇分の朝風呂から始まる。前の晩、帰宅して入浴し疲れを取るのだが、翌朝にもう一度湯につかるのだ。湯船の中で、昨日の仕事の反省と、今日行うべきことの確認をする。

「営業の仕事も、長年やればやるほど、経験に埋もれてしまいがちです。過去の成功体験を過信して、いつまでも同じやり方を踏襲するようになったり、失敗した経験を恐れて、冒険をしなくなったりします。そこで、私はエッセンスだけを頭の隅に残して、過去の具体的な事例は一度忘れるように心がけています。日々、新しい勝負という気持ちで臨機応変に対応したい。そういう頭の切り替えをするために、毎朝の風呂を習慣づけているのです」

午前七時半から八時には出社する。

「九時の始業からは戦争です。電話が掛かってこない早朝の時間は、一日を組み立てるうえで大事な時間なのです」

その日の予定を立て、部下からのメールでの報告に目を通す。邪魔されることなく仕事に集中できるため、一時間半の時間が一〇分ほどに感じるという。

市川の予定表には、部下との同行営業の予定がびっしりと詰まっている。

「僕は基本的に自分の予定を自分では決めません。全部、部下が僕の予定表に記入していきます。当社のコンピュータシステムでは、私も含め、部員のスケジュールがリアルタイムに確認できるようになっているんです。うちの課のルールは、僕の予定表を見て空いているところには、どんどん同行依頼を入れなさい、というもの。僕は表敬訪問のために同行する気はまったくないんですね。それはもっと上の人にお願いすればいい。戦争をしにいく実部隊として私を使え、と言っているのです。担当セールスのものの考え方や知識と、上司としての私の見方や知識は違う。これを組み合わせることによって、全方位的なものの見方ができるようになるのです。そのお客さまを攻略するうえで、攻めるための武器は多ければ多いほどいいわけです。チーム力を最大限に発揮し、顧客に対して層の厚い営業を展開するわけです」

部下に自分のスケジュールを埋めさせる方法は、部下の管理にも役立っている。実部隊としての市川を連れていく所もないような営業マンは、どこかでビジネスが止まっている。部下の仕事の状況を見るバロメーターになっているのだ。

一見、部下の主体性に任せた放任主義のようにも思えるが、下から見ると気が抜けないやり方だろう。また、他の部員のスケジュールが確認できることで、情報共有化が図れる。

「部内の情報を共有することは『顧客主語』の基本です。担当者がいないと仕事が回らないのでは、こちらの都合で顧客に大きな迷惑をかけてしまいます。顧客にはそれぞれ独自のやり方がありますから、それをわかっていて対応できるかどうかで、結果は大きく違う。ホテルでどの人からも『市川さま』と名前で呼ばれたら気分がいい。それに通じるようなものです」

全員に長期計画を立てさせる

チームメンバーたちの長期的な営業計画の立て方も、多層的に考えられている。課員は、短期三カ月、中期六カ月、長期一年、市川本人は短期六カ月、中期一年、長期三年というスパンで計画立案をする。それぞれの期間ごとに、担当する顧客企業の攻略シナリオを描いていく。顧客のビジネスの状況、どのタイミングでどこを攻めるべきか、それらを総合的に判断してチャンスがどこにあるのかを見極める。

「全員に長期計画を立てさせることで、顧客戦略のどこに漏れがあるかがわかる。例えば、ある企業では、一つの部署とは取引があるが、その他の部署には誰も営業に行っていない。でも売り上げが多いからそれで安心してしまっている。どうして他の部署は攻めないのかという視点が得られるわけです。ある程度、数字が上がっていると、それで満足してしまうケースはよくあります」

顧客企業に対して、精緻で多層的な包囲網を構築しようとしているのだ。

同社では、まだ取引のない顧客を、まだキヤノン色に染まっていないことから「白地顧客」と呼ぶ。JTBも白地顧客だった。販売第二課では、サービス業の大企業を中心に限られた担当企業の中から売り上げを上げなくてはならない。だからこそ、白地顧客をいかに攻略するかが勝負だといえる。顧客は状況が変われば、一夜にして高額の上顧客になることはよくある。綿密に営業計画を練り上げ、企業に利便性を提供できるかが勝負なのである。積極果敢に攻略することで、「白地」顧客は「金の卵」にもなるのだ。

市川は言う。

「自分たちが納入したシステムが、熱い血となって、顧客企業の動脈を流れる。自分たちがこの企業を動かしているんだ。そういう、わくわくするような熱い気持ちが、新しいアイデアを生むのです」（文中敬称略）

文・中原　淳

「脱タコツボ」開発マン

毎年、販売の現場に立つ理由

キヤノンとエプソンが他社を大きく引き離してシェアを二分しているプリンター市場。二〇〇三年五月単月の販売台数で、キヤノンは約六年ぶりにトップシェアを奪回した。立役者になったのが、三月に発売された小型のモバイルプリンター「PIXUS 50i」だ。

PIXUS 50iは、小型軽量でありながら、印刷品位や出力スピードはデスクトッププリンターに引けを取らない、従来のポータブルプリンターのイメージを打ち破るマシンだ。そのパフォーマンスの高さとスタイリッシュなデザインが支持されて発売直後から売れ行き好調、モバイル系の従来機種の前年同時期の売れ行きと比較すると五倍近いという。刺激されて、ほかのラインアップの売れ行きも活性化され、それが五月のトップシェア奪回という好結果につながった。

「発売直後に販売店に様子を見にいったんですが、大きなキャンペーンをやったこともあって、飛ぶように売れていました。大勢のお客様に買っていただいていたのは、本当に嬉しかったですね。喜んで買ってくれるお客様の顔が、仕事の成果だと思っています。命がけで作ったかいがありました（笑）」

ＰＩＸＵＳ ５０ｉの開発プロジェクトチームのリーダーの井上博行室長はこう語る。

井上は一九八六年の入社時からプリンター開発のセクションに配属され、一貫してプリンターの設計から量産までを手がけてきた。九一年にポータブルプリンターの開発チームに移り、九五年以降はキヤノンのポータブルシリーズの全機種を統括してきた。会社員としての情熱をプリンター開発に注いできたといえるだろう。

キヤノンはノートブックタイプのパソコンが登場したばかりの九〇年、他社に先駆けて小型のプリンターを発売、そのマーケットを切り拓いてきた。しかし、コンパクトなボディーに〝機能〟を盛り込むのは限度がある。九〇年代後半からデスクトッププリンターが、高速・精密カラー印刷は当たり前と、急速に高性能化していくのに対して、ポータブルプリンターは徐々に機能的に取り残されていく。外出先でのビジネスユースなど、一定のユーザーから根強い人気を得ていたものの、デスクトップ主流のプリンター市場ではニッチ商品の域を出なかった。

「パソコン市場の過半数がノート型という時代です。持ち歩きたいという人だけでなく、家庭内や企業などで据え置きで使用する人もノートパソコンを選ぶ人が多い。その隣に大きなプリンターというのでは、いかにもアンバランスです。店頭などでも『小さなプリンターが欲しい』というお客様の声はよく聞きました。しかし、従来のポータブルプリンターでは写真プリントや年賀状印刷といったニーズには十分に応えられなかった。だから、小さくても、画質や、印刷スピードなどを犠牲にしていない商品を作れば、お客様に喜んでもらえるはずだと思ったんです」（井上室長）

キヤノンでは希望者を募って開発担当者が販売の現場に立つ機会を設けている。プリンターの開発者たちも、毎年一一～一二月の年賀状シーズン、まさにプリンターが一番売れる時期に販売の応援に出向く。井上も毎年のように販売店で顧客応対しながら、「どんな機能を求めているのか」「どんな使い方をしたいのか」「なぜA機種でなく、B機種を選んだのか」など、ユーザーの生の声に触れていた。

そしてキヤノン全体としても次世代機の開発タイミングに当たった二〇〇一年末、店頭に立った井上は機が熟したことを強く感じたという。モバイル用の特別な需要だけでなく、通常のプリンターとしても使えるコンパクトモバイル機の開発――。まもなく、設計室内に数十人のメンバーからなるプロジェクトチームが結成された。

課題を掘り起こす「ばらし」会議

キヤノンでは開発現場の効率化、生産性向上のために、〝開発革新〟と呼ばれるさまざまな取り組みを行っている。その一つにＫＩ活動（正式名称は「技術ＫＩ計画（Knowledge Intensive Staff Innovation Plan）」がある。ＫＩ活動は技術者の知的生産性向上を目的とした活動で、キヤノンではインパクト・コンサルティング社社長の岡田幹雄氏（元日本能率協会コンサルティング）の指導の下で九九年から展開してきた。

新製品開発の際などにつくられるプロジェクトチームで技術者同士のコミュニケーションを円滑にし、チーム全体としての生産性を高めるために、キヤノンのＫＩ活動では仕事の仕方にさまざまな工夫を凝らしている。

ＰＩＸＵＳ ５０ｉのプロジェクトチームでもＫＩ活動が実践された。たとえば、プロジェクトの初期段階で行われたのが「技術ばらし」と呼ばれる会議。この会議では、新製品開発に必要な技術の内容、課題を細かくばらして分析する。それにより、開発の過程で発生する技術的な問題を前もって検討することができるのだ。また技術面以外にも、プロジェクト上の懸案点が徹底的に議論されるさまざまなばらし会議が行われ、すべて洗い出される。

ばらしの会議では、メンバー全員が世代や上下関係を超えて同じ立場で自由闊達に発言する。わいわいがやがやと進めていく様子から、こうした会議は「わいがやミーティング」と呼ばれている。

「ばらし会議で出てきた課題をいろいろ並べ替えていくと、我々は『作戦ストーリー』と呼んでいますが、何かプロジェクトを進めていくうえでのストーリーみたいなものが見えてくるんです。やるべき手順は何か、そのためにはどんなセクションを巻き込んでいかなければならないか、といったことが浮かび上がってくる」（井上室長）

さらに、ばらした課題をすべて粘着メモ紙に書き込んで、大きな模造紙に貼り付けていく。それを時系列に並べ替えれば、それがプロジェクトの詳細な日程表になる。

キヤノンの生産現場や開発現場では、納期や開発期間の短縮化が常に求められている。そのために今回のプロジェクトでは、全体計画（大日程）に沿って、一～二カ月単位の中日程、さらに週単位、時間単位の小日程まで作成し、個々のメンバーがどの時点で何をなすべきか、具体的な目標を明示した。細かな日程を組み立てられるのも、技術ばらしによって課題を徹底的に洗い出して、これは二時間かかる仕事、これは半日仕事など、具体的な仕事量を測れるからだ。

また日程に沿って課題を貼り付けた模造紙は社内に掲示して、メンバーがいつでも自由に見られるようにした。

「個々の目標の達成度合いを自己評価するシステムも導入しましたが、それでもなかなか予定通りには運ばない。でも遅れたなと思ったら、粘着メモ紙ですから、剝がしてすぐに修正ができますからね。日程表を見れば、誰にどのくらいの負荷がかかっているか一目瞭然。皆がそれをわかっているから、戦力配分もしやすい。調整役の私としても『ちょっとあっちが忙しいから、頼むよ』という具合に優先順位をつけて微調整できるわけです」(井上室長)

「発散」会議と「収束」会議

ＫＩ活動によって、メンバー全員がプロジェクトの課題や進捗状況を共有できるから、チームとして意思疎通をはかりやすい。とはいえ、プロジェクトのスタート当初は、設計が思うように運ばなかった。

「小さくて高性能、というぼんやりとしたアウトラインはありました。しかし、では実際にどうやったら小さくなるのか、どんな使い方をお客様に提案できるのか、ということも含めて、製品の最終的な形が見えなかった。アウトプットイメージが明確ではなかったんです」(井上室

長）

頂上がわかっていなければルートは設定できないし、山に登る気力も湧いてこない。井上はプロジェクトチームのメンバー全員を伊勢原にあるキヤノンのセミナーハウスに招集して、一泊二日の合宿を決行した。休日利用の慰安旅行ではない。平日の通常業務としてである。

合宿では初日の朝九時からいきなり会議がスタートした。といっても堅苦しさは皆無。まずは自分の夢を語り合う「発散」会議を行った。自分たちはどんなプリンターを作りたいのか、作り手としてではなくユーザーとしてどんなプリンターが欲しいのか、条件にとらわれずに自由に討論したのだ。その日の午後からは発散させたアイデアを徐々に収束させて、具体的な議論に落とし込み、二日目は製品のサイズや品質、コスト、日程などに関してさらに詰めた会議を行った。

「議論が白熱してどうなることかと思いました。サイズをどうするかが最大の焦点でしたが、たとえば、本体を設計するメカ屋と、プログラムを設計するソフト屋ではサイズに対する意識が違う。メカ屋から見ればミニマムでも、『私はもっと小さくしたい。こんなサイズだったらやりたくない』って言い出すソフト屋もいましたから。でも品質やコストなど全体の最適バランスを取る議論をしていく中で皆納得してくれた。最終的にはアウトプットイメージをほぼ固め

ることができました」（井上室長）

アウトプットイメージを共有化していく際に、井上が判断基準にしたのは「お客様が何を求めているか」だ。店頭でのヒアリングで得た市場感覚から、サイズ、品質、コストの最適バランスを顧客志向に基づいて追求した。

「開発者にもいろいろなタイプがいますが、私はお客様の喜ぶ顔を見るために仕事をしています。それが発想のベースですね。特に、今回のような小型でスタイリッシュな商品は、単なる機械としての機能だけでなく、ユーザーに愛着や持つ喜びを与えてくれるものでないといけない。そのためにも『お客様の求めているのは何か』を常に考えました」

井上の顧客主義は徹底している。実際のユーザーはもちろん、開発の後工程に携わる他の部門も〝お客様〟としてとらえ、彼らに満足してもらえる設計開発を心がけた。

製品の最終イメージという項上が見えたことで、どこかバラバラのテンポだったメンバーの足並みが揃った。わいがやミーティングを繰り返しながら設計は進み、合宿の約二カ月後には最初の試作が完成する。

「我々はよく『最初が肝心』と言うんですが、一回目の試作は一番大事なんです。これを『素性のいいもの』にできるかどうかで、その後の苦労というか、完成度が違ってくる。新製品開発の八割方は一回目の試作で決まるといっていいと思います。『素性』が悪ければ、後々引き返さなければならないこともあるわけですから。後戻りすればスケジュールは大幅に狂ってくるし、コストもかさんでしまう。だから最初の試作に向けた設計は、本当にメンバー全員が気をつけて作業した部分だし、体力的にもきつい部分だったと思います。それをチェックする立場の私としても一番力を入れ、細心の注意を払いました」(井上室長)

量産化に向けた設計など、苦労して乗り越えたプロジェクトの山場はいくつもあった。しかし、アウトプットイメージをチームが共有化して、最も大事な一回目の試作を乗り越えた時点で、井上は「これはいける」という確かな手応えを感じたという。

他部署に押しかけ、「巻き込み大作戦」

シンメトリックにデザインされたＰＩＸＵＳ ５０ｉは、縦置きするとその美しいフォルムが一層際立つ。縦置き発想の斬新なデザインはデザイナーによるもので、このデザインがもたらされたおかげで「プリンターの新しい使い方を提案する間口が広がった」と井上は言う。

デザイナーだけでなく、新製品開発には他部署との連携は欠かせない。今回のように設計部門だけでは思い至らなかったアイデアがもたらされることもある。逆に設計主導で開発しても、たとえば生産現場から工程の困難さを訴えられたり、販売サイドから実用上の不具合や顧客ニーズとのズレを指摘されることがないとも限らない。手直しすることになれば、それだけ無駄な時間とコストがかかる。

そうした事態を未然に防ぐために、設計段階から、生産部門、販売営業、事業企画、品質保証、安全規格などの設計以外の部門にプレゼンテーションして、他の部署からの意見を吸い上げている。その際に大いに威力を発揮したのが、3D（三次元）CADだ。コンピュータ画面に立体像を表示して設計する3D-CADなら、専門外でも製品の形状を把握しやすい。設計者と出来上がりのイメージを共有できるので、建設的な意見の交換ができる。

キヤノンでは開発革新を進める手段として、3D-CADシステムを早期に導入して、現在はほとんどの開発部門に行き渡っている。

今回のプロジェクトでも3D-CADを介して、さまざまな部門が開発にかかわった。

CADに頼るだけではなく、井上自身、他部門に積極的に足を運んだ。

「『巻き込み大作戦』と勝手に名づけまして、各部署に押しかけていきました。課題がベタベタ貼り付けられた模造紙を持っていき、『この課題は、このセクションの立場からはどう思う』などとやるわけです。部門内だけの発想だと、全体を見失ってしまう。開発が進んだあとで、たとえば、サービスの人が見て、『ここをこういうふうに変えてくれないと困る』などということにもなります。部門の壁を越えたコミュニケーションが大事なのです」
全体計画のスケジュールを遅らせることなく困難な状況を打破してPIXUS 50iの開発にこぎつけることができたのは、設計室のみならず、全社的なコラボレーションが発揮された結果だ。
「もともとキヤノンという会社は、部門間の横のつながりがいい企業風土、企業文化を持っている会社だと思います。しかし、開発者というのは特にそうなんですが、自分自身思い返してみれば、一人で課題を考え込んで、一人で解決しようと悩むことがあった。今はそういう状態になったらパッと人が集まる。知恵を出し合える。結局チーム力なんですね。今回のプロジェクト達成もチーム力の成果にほかならない。そしてチーム力を高めるためにはコミュニケーションを密にして、アウトプットイメージを共有することが大切。開発期間を縮めたり、ペースアップのためにKIや3D-CADなどの開発革新に取り組んできましたが、それはすなわち、チーム力を発揮するための仕掛けでもあるんです」（井上室長）
井上が統括している開発室では始業時間の毎朝八時半から朝会を開いて、その席で井上は部下に「君の今日のアウトプットイメージは何？」と、それぞれの仕事の進捗状況を確認している。一方で、前日のアウトプットイメージに対する達成度も報告させる。以前は昼会で行っていたが、一度仕事が途切れるために、一日のアウトプットイメージをとらえにくかったという。

職場の仲間がそれぞれの仕事内容を共有するので程よい緊張感が保たれ、個々の課題を職場全体で解決する体制も取りやすい。これもまたチーム力を強化する開発革新の仕掛けの一環なのだ。(文中敬称略)

文・小川　剛

「ワイガヤ」所長。

電子スチルカメラ「栄光と挫折」

「うちにはどうしても譲れないこだわりがあるんです。それは、コンパクトなものをつくろうという小型化へのこだわり。そして、速度。さらに、最も深いのが画質へのこだわりです。どんなに小さくてもどんなに安くても、絶対に画質は譲れないという光学メーカーとしてのDNAがあるのです」

イメージコミュニケーション事業本部DCP開発センター所長の真栄田《まえだ》雅也はそう胸を張る。真栄田は、APSコンパクトカメラの代名詞となった「IXY」の名を継いだデジタルカメラ「IXY　DIGITAL」を世に送り出したデジカメ開発部門の統括責任者である。

IXY　DIGITALは、二〇〇〇年五月に発売されるや、瞬く間に大ヒット商品に駆け上がった。デジカメ分野で他社に後れを取ったキヤノンが、一気に市場シェアを奪回する起爆剤となったのだ。

キヤノンのデジタルカメラの歴史は古い。業務用に最初に開発したのは一九八四年のロス五輪での報道用機材だった。当時は電子スチルカメラと呼ばれており、いまのデジタルカメラとは記録方式が異なっていた。その技術を活かし、民生用に、八九年に真栄田がプロジェクトリーダーとして開発をしたのが「Q-PIC」だ。

「フロッピーディスクに映像を記録し、テレビとつないで映像を見る仕組みだった。高価な業務用の機械が主流だった中で、一般消費者向けの一〇万円を切る戦略商品でした。しかし商業的には惨敗だった。せっせと図面を書いた愛着のある商品だっただけに残念でした。パソコンもまだ普及していない時代ですから、早すぎたのかもしれません」

敗者復活をかけた後継機も振るわなかった。九二年、ついにトップの決断でデジタルカメラは商品化から撤退した。カメラ事業本部に属していた開発者たちは本社研究開発部門に移される。

九五年頃から、本体裏面に液晶画面がついているタイプで、撮ったその場で見られるデジタルカメラが市場を賑わすようになる。以後、民生用のデジタルカメラの市場は急速に拡大していく。九五年に御手洗社長が就任すると、デジタルカメラの将来性を見込んで社長直轄の組織とし、商品化の号令が出される。九八年に再び商品の発売に踏み切るが、キヤノンらしさが感じられない商品で、市場では惨敗の状態だった。

九九年のデジカメのマーケットシェアはオリンパス光学工業(当時)、富士写真フイルムの二強が約六〇%を占め、キヤノンはわずかに三%。上位メーカーとは歴然とした差がついていた。真栄田自身も「確かに出遅れていた」と当時を振り返る。

「キヤノンは何をしているんだと社内外から言われましたけど、外はともかく社内から言われるのは辛かったですね。〝眠れる獅子〟ならぬ〝眠れる豚〟とか言われてね。僕だけでなく、開発に関わるみんなも同じ辛さを味わったと思います」

なぜ独自技術にこだわったか

だが、真栄田たち開発陣は他社の動きを指をくわえてじっと見ていたわけではなかった。ほとんど同じメンバーで基礎技術の開発は細々と続けていたのだ。DNAの炎は消えたわけではなかった。

彼らが開発を目指していたのは、デジタルカメラの心臓部ともいえる、画像処理チップ、「映像エンジン」の自社開発だった。パソコンで言えば、CPUにあたり、デジタルカメラの動作や画像処理を行うものだ。

映像エンジンの開発に尽力していた九八年末、真栄田は、カメラ開発部門のトップに呼ばれた。

「真栄田君、そろそろこれに挑戦してみないか」

そう言って、九六年に発売されて大ヒットとなったAPSカメラの「IXY」の新作を渡されたのだ。

そのとき真栄田は内心「やった」と思った。IXYのヒットを社内で見ながら、「デジタルカメラもこれと同じサイズで出せたらいけるのでは。いつかはデジタル版IXYだ」という思いを温めていたのである。

「開発に不可欠な要素技術はだいたい揃っていました。コンパクト化のための技術はかなり進んでいました。CCDは、ビデオカメラや画像の技術を応用できます。また、レンズ設計はうちのお家芸ですから」

問題は、「映像エンジン」の開発だった。

「初期のデジタルカメラには、ビデオカメラで使っていた半導体チップを改良して使っていた。しかし、画質を良くするためには、専用のソフトが入った映像エンジンが必要でした。たとえば他社製の標準的なチップを使用すれば、もっと早く出せたかもしれません。しかし、画像へのこだわりから、どうしても心臓部は自分たちで独自開発したいという思いがあったのです」

　独自技術にこだわったため開発の遅れが生じ、社内からは非難の声も上がった。これに対して真栄田は「とにかくエンジンができるのを待ってください」と言い続けてきた。独自の映像エンジンが完成しさえすれば、商品開発に弾みがつくという自信があったからだ。

　独自の「映像エンジン」が完成したのは九九年。一三ミリ四方の半導体チップだ。この中に画像処理に必要な機能を盛り込んでいる。小さな基板に機能を盛り込んだチップの完成で、従来より、カメラ全体の仕様をコンパクトにできるのだ。

　ＩＸＹ　ＤＩＧＩＴＡＬの商品化は急ピッチで進められた。八九年の「Ｑ－ＰＩＣ」開発から一〇年。コツコツと地道な開発を続けてきた真栄田たちにとっては決して〝失われた一〇年〟ではなく、成功へ導くための雌伏の時期であった。

　九九年初頭に開発プロジェクトチームを結成。発売は二〇〇〇年春と決められた。ということは少なくとも九九年末には開発を終え、生産体制をつくらなくてはいけない。小型化、簡単、高品位という目標に、〝こだわり遺伝子〟を有する開発陣は燃えていた。だが、それにしても一年というのはかなり高いハードルだ。

「最初はプロジェクトリーダーも無理だと思ったらしいですね。でも、彼はＡＰＳのＩＸＹをすごく気に入ったのです。それで、デジタルカメラでもＩＸＹをつくってやろうと、頑張ってくれました」

と真栄田は語る。

「機能」組織と「所属」組織

キヤノンの開発体制は、組織横断的（フラット型）プロジェクトチーム制で進められる。真栄田は言う。

「デジカメ開発グループの特徴というのは、基本的には主任から部長クラスまで管理職全員がプレーイングマネジャーだということです。たとえば実験室や研究室で部長がドライバーを握っている、ハンダごてをしている光景というのは他社では珍しいかもしれませんが、うちでは当たり前なんです」

組織的にはレンズ、メカ、ソフトウエアなどの部門ごとに部長、課長、主任がいる。そこは一般的な会社と変わらない。

デジカメ開発グループでは、各部署から部員を集めて構成される、メンバー十数人の横断的なプロジェクトチームが並行して一〇以上動いているのだ。

部員は、所属組織はあってもプロジェクトがメーンの仕事である。つまり、派遣会社の社員と同じように本籍は派遣会社でも常に別の職場で働いている光景を思い浮かべていただければいいだろう。しかも、プロジェクトの仕事には所属先の階級は関係ない。

「プロジェクトリーダーも、部長から主任まで所属先の肩書はさまざまです。たとえば主任がリーダーとなり、プロジェクトのマネジメントを担当することもあります。そのときに、むずかしい要素が入る場合などベテランの課長が主任の下につくということもあります」

肩書や年齢に関係なく、必要な人材を必要な仕事に配置するプロジェクト制度は、業務の効率化とスピード化を促進する効果がある。近年、多くの企業がプロジェクト制度を採用しているが、現実には、言うは易し、行うは難しだという。あるパソコンメーカーが若手社員をリーダーに抜擢し、年上の管理職をその下に配置したところ、リーダーのマネジメントぶりに不服を唱え、結局、リーダーは全体をまとめられずに部隊は全滅したという。そんな逸話は少なくない。

同社ではそうした弊害はないのか。真栄田は言う。

「プロジェクト制は電子スチルカメラ時代から一〇年以上も続いています。キヤノンの、何でも言い合える風土もあるからかもしれませんが、大きな問題は起きていません。プロジェクトに集まるメンバーたちはそれぞれの分野の専門家です。専門家として自信を持っているから、若いリーダーを支えてやろうという土壌がある。リーダーにも、たとえばベテラン社員の話はよく聞きながらやれ、と言っています。何より、みんなカメラが好きだという一体感がありますす」

社員の仕事が実質的にフラット型のプロジェクトがほとんどを占め、それが機能しているとすれば、あえてヒエラルキー型組織を残しておく必要はどこにあるのか。真栄田は、持論だがと断りながら、その効用をこう語る。

「プロジェクトが戦場とすれば、戦争が終わって帰るところが自分の部署になります。プロジェクトは、設計担当、メカ担当、電気担当、広告担当などの専門家が集まった混成部隊が、共通の目標のためにそれぞれの技を発揮し合う場です。一方、日々の戦いを終えて部署に帰れば、同じ専門の会話もできるし、たとえば『戦場』でトラブルが発生したようなときでも、問題解決のために同じ分野の専門家である、部署の同僚たちの知恵を借りることもできます」

専門家としてプロジェクトで実践的な力を発揮する一方、技術上の困難や課題に直面した場合〝原隊〟に戻って解決策や、さらに有効なヒントを見出すことができるのだ。

プロジェクトリーダーは、こう選ぶ

プロジェクトチーム制は仕事をやりやすくするためのハード面の仕組みとすれば、実際に機能させるためのソフト面の〝仕掛け〟も必要になる。

プロジェクトをどういう構成にするのか。とりわけリーダーをどういう人物に任せるかが成功の重要な鍵を握る。統括責任者としてリーダーを選ぶ真栄田の、選任の条件とは何か。

「肩書や役職で選ぶことはありません。商品の個性や特性を考えて、その人の性格を踏まえてフィットすると思う人をリーダーに指名するようにしています。たとえば、カメラに精通している顧客向けの上級機の場合、ユーザーさんは、自分流の使い方をしたり、操作性や機能にも、より厳しい目を持っています。そこで、高い完成度を追求することができる総合的なマネジメントができるタイプがふさわしい。あるいはＩＸＹ　ＤＩＧＩＴＡＬのような機種には、とにかくこの大きさに絶対にこだわるというタイプが向いています。カメラが持っている性格とリーダーの資質がマッチングしていることが必要だと思っています」

プロジェクトは専門家が集まる混成部隊である。ＩＸＹのように小型化を追求する場合に時としてそれぞれが「決まった箱のスペースに入らない、ベースをもっと削れ、レンズと基板のスペースの取り合いといった陣取り合戦がよくある。こういう場合にうまく調整するのもリーダーの大きな仕事」（真栄田）になる。

プロジェクトを統括する真栄田の管理術も重要になる。プロジェクトをうまく機能させるために彼が常に心がけていることがある。

「年度の初めにいろんな方針を出しますが、その中に必ず『仕事は元気で明るく進めましょう』という文章を入れています。大きな問題にぶち当たると、萎縮したり、緊張したりしてしまい、脳の働きが鈍くなりますよね。リラックスした状態じゃないと良いアイデアも出ません。だから問題を抱え込むことがないように職場全体の雰囲気を明るくしていこうと言っています」

その一つの工夫がプロジェクトリーダーとのコミュニケーションである。真栄田は、仕事の経過を常に報告させている。その中身も「悪い話を持ってくるように」と言っている。確かに、本当に重要な情報とは問題点であり課題に違いない。

「とにかく悪い話が上がってくるスピードはいやになるぐらい速いですよ。まあ、こちらが悪い話を聞かせてよ、と言っているからしょうがないんですが。時々はこのぐらい進みましたというい話もあるんですが（笑）」

話しやすい雰囲気を心がけているというだけあって、真栄田の机の横にあるサブデスクは、部員たちの溜まり場になっている。あるプロジェクトに問題点が見つかったときなど、どんどん人が集まり、わいわいがやがやと議論が始まるのだ。

定例会議もある。月に一回開催されるプロジェクトリーダーとサブリーダーが集まる会議。さらに真栄田は参加しないが、技術的な課題を、プロジェクト間で話し合うリーダー連絡会を一週間ないし二週間に一回開催している。

「個々のプロジェクトがうまくいっているかどうかも重要ですが、それ以上にプロジェクト間の情報交換は極めて重要です。商品開発には、共通の問題点があることもあります。壁を越えた連携が、より開発をスムーズに進展させるのです。また、プログラムのバグがどうの、解像度がどうのといった具体的な細かい技術レベルの情報交換を通じてそれぞれの開発に役立つことも多いのです。

最近は、プロジェクト間の横の連携がさらに進んでいます。たとえば、あるプロジェクトで問題が起こったり、負荷が大きかったりすると、別から救援隊が来る。あるチームが大きな課題を解決したら、別のプロジェクトの連中にもすぐに伝えてやる。お互い助け合う、非常に活発な環境です。こちらが管理しているというより、勝手に動いて、相互乗り入れみたいな形でやっているのです」

かつては応援が必要なときは、プロジェクトリーダーが他のチームに依頼していた。それが自発的に助け合う雰囲気へと変わってきたというのだ。連携が緊密になることはプロジェクトの開発効率を一層高めることに貢献している。

「いまは、開発期間が極めて短くなっている。そのため、従来のように、プロジェクトが独立して、それぞれが一から課題をつぶしていくのでは間に合わない。そういうスピード感から、他のチームの仕事を見渡して助け合うようになっているのかもしれません。また、汎用性のあるキーテクノロジーである映像エンジンを開発したことで、機種ごとに開発の過程が重なる部分があり、それも開発の効率化につながっています」と真栄田は分析する。

同社のプロジェクト効果はＩＸＹ　ＤＩＧＩＴＡＬの開発でも十二分に発揮された。九九年一一月には開発を完了し、二〇〇〇年五月に発売された。機種別シェアでは堂々一位になるとともに、キヤノンをデジカメ市場のメジャープレーヤーへと一気に押し上げた。現在、デジタルカメラ市場のトップを争う位置にいるが、その原動力は、キーテクノロジーにこだわった技術開発の積み重ねと、コミュニケーションを重視した開発体制にあったのだ。（文中敬称略）

文・溝上憲文

「知恵テク」工場長

ベルトコンベヤーが一本もない工場

キヤノンの高速デジタルカラー複写機の生産拠点、阿見事業所（茨城県稲敷郡）の工場は、巨大な生産設備が並ぶハイテク工場のイメージとはまったく違う。

大きな装置が一つもない平場のスペースで、作業員たちが複写機の組み立てに黙々と取り組んでいる。作業員の周りには手の届きやすいところに部品が置いてある。聞こえるのは電動ドライバーの音ぐらいで、工場特有の機械の動力音はまったくない。かつて、チャプリンが『モダン・タイムス』で風刺した人間が機械に追われる場面はここにはない。

ここで導入されているのは、ベルトコンベヤーによるライン生産に代わる生産方式として注目されている「セル」方式である。セルとは細胞のことで、作業員が組み立てラインの一部分を分担するコンベヤー方式と違い、一人もしくは少人数のチームで、複数の工程を一貫して責任を負い、商品を完成させるものだ。

阿見工場長の石井裕士は言う。

「一見、昔の手作業に戻っただけと見えるかもしれません。しかし、セル方式のほうが、コンベヤー方式より生産性が高い。コンベヤー方式では一定のスピードで作業しますから、何カ月たっても生産性は一定です。しかもラインでの流れ作業ですから、一番能率の悪い人に生産性を合わせなくてはならない。それがボトルネックとなります。しかし、セル方式では、流れ作業ではなく作業員のペースで仕事をするので習熟に伴い、全体の生産性がだんだん上がっていきます。コンベヤーなら一人が受け持つ部品は数点で作業時間も一、二分なのに対し、セル方式だと一人が三桁以上の部品を担当します。ミスの発生率が増えそうですが、まとまった工程を一人でやるため筋道の通った作業になり、かえっておかしな失敗は起きにくい。やる気や集中力も増します」

チームで行う場合のセル生産の効率は、自分の担当だけでなく、臨機応変に前工程、後工程をサポートすることによって、さらに一層生産性は高まるという。

セル方式の導入は、キヤノンが全社的に取り組む〝生産革新〟の一環だ。市場トレンドは、つくれば何でも売れる時代から、個人のニーズが優先される多品種少量生産へと変わっている。そこで、需要動向に柔軟に対応できる、部品調達から生産、販売までを一本の流れとして管理するサプライチェーンマネジメント（SCM）を強化した。このSCMとセットで進めたのが、セル方式なのである。

まず、全額出資子会社の長浜キヤノンで試験的に導入され、コスト削減などの成果が確認された一九九八年からキヤノン全工場へ移植されていった。阿見工場でも九八年にスタートしている。

二〇〇一年に工場長として阿見事業所に赴任した石井は、VE（バリュー・エンジニアリング）、すなわち生産現場でのコストダウンを中心に働いてきた。その意味では、仕掛《しかかり》品や在庫を減らし、キャッシュフローの改善に結びつくセル方式と、もともと近い考えを持っていた。

「二〇世紀初頭のT型フォードに始まり、九〇年以上も続いたベルトコンベヤー方式を見て育ちました。最初は、セル方式とかいわれても、古くさいやり方に思えて、本当に精密な複写機ができるのだろうかと思いました。しかし、NECさんやソニーさんなどで実際の導入事例を見学させてもらううち、これはすごい、と目からうろこが落ちたわけです」（石井）

「活人」「活スペース」の極意

阿見工場では、「ムダ取り」といわれる、コスト意識に基づく現場改革が徹底している。工場のあちこちにはスローガンが貼り出されている。なかでも、目立つのが〝一秒の視点〟という表現だ。

「人が、手を二〇《センチ》動かすと一秒、一歩歩くには〇・八秒、体を九〇度振り向かせると〇・六秒かかります。部品を取りに行くのに、その都度歩いていく、遠くまで手を伸ばす。それがたとえ一回あたり三〇秒でも、一日に一〇〇回やれば五〇分のムダ。それを一〇〇人の作業者がやれば膨大な時間のロスになる。そういう時間の感覚で、ムダな動作をなくしていきましょうということです」

実際に、セルの作業場では、取り付けるパーツを作業員の手の届きやすいところに置いたり、部品置き場との距離を短くするなど、動作のムダ、運搬のムダ、滞留のムダの徹底的な排除が行われた。

フロアを見ると黄色のテープを貼って囲んだエリアが描かれている。これらは、かつては九本あった一二〇《メートル》ベルトコンベヤーを撤去し、さらに工程を見直して生まれた空間だ。こういった新たに有効活用できる空間を「活スペース」と呼ぶ。阿見工場では、これまでにおよそ五万平方《メートル》の活スペースが生まれた。少人数単位でのセル方式にし、さらに効率化したために余った人手は、「活人」と呼び、新たな生産に充てることができる。こうして短縮できた秒数・分数やスペースなどは金額に換算され、改善の結果として、工場内に掲示される。

また、生産設備の見直しも日々、行われている。キヤノンでは「知恵テク」と呼ぶもので、高価な生産機械やロボットではなく、自分たちの工夫で、道具もつくってしまおうというのだ。

「実際につくってみると、ほとんどの作業は、高機能な機械でなくシンプルな道具で十分でした。優秀な『知恵テク』は、『知恵テク展』で社長から表彰されます」

その第一回の「知恵テク展」で入賞したのが、阿見工場の「からくり指一本」。ほとんど力もいれずに数十キロの部品を運べる小型クレーンだ。従来使用していたクレーンは多機能だが、価格は一〇〇万円を超す。しかも、場所を取るし一度設置すると移動は困難だ。そこで、機能をシンプルにし、圧縮空気で動かす装置を開発した。製作費用は数万円だという。作業場で使う部品を置くための可動式の棚、回転式のラックなども、作業がしやすいように手づくりされた。

他社の事例を参考に始めたセル方式だが、キヤノン流の工夫と改良により、独自の形に進化しているのだ。

セル方式では生産性を上げるために、作業者たちの能力を引き上げることが不可欠だ。その頂点にいるのが「マイスター」である。マイスターとは、もともとドイツの優秀な技能者・職人を指す言葉だ。キヤノンでは、優れた技術を持つ作業者をマイスターに認定している。幅広い業務を高い水準でこなす多能工を育成することを目的につくられた制度で、ユニホームの左肩には「M」の文字がデザインされたワッペンが付けられる。マイスターは、皆から尊敬される存在だ。

セル生産の効果を高めるためには、作業者が前後の工程をいかにサポートできるかがポイントとなる。そこで、自分の作業時間一五分に、前後の工程から七・五分ずつ加えた三〇分の工程を習得した人をマイスター映事三級とした。そのうえに映事二級、映事一級、映事マルチ、そして、映事S級（スーパーマイスター）がある。スーパーマイスターは、複写機組み立ての全工程をこなすことが取得条件だ。

一人で全工程を組み立てるS級マイスターは、複写機の扉の裏に自分の名前を刻む。それは製品に対する責任の証でもあり、誇りでもある。

さらに、二四〇〇人の阿見工場にも三人しかいないというのが「全社スーパーマイスター」だ。彼らは、大型複写機を一人で組み立てることができる。部品点数約一万、工程が三〇〇〇を超え、一四時間ほどもかかる作業をすべてこなさなくてはならない。コンベヤーなら七〇人がかりで行っていた作業量に当たる。

「組み立てマニュアルで三〇〇〇ページ以上にも及ぶ作業です。彼らの話を聞いて驚いたのは、帰宅して風呂の中でも、作業の工程を頭の中で繰り返してイメージトレーニングしていたこと。そして、技能面だけでなく、周りへの指導など彼らは皆のいいお手本となっています」

スーパーマイスター、「川上」「川下」へ

スーパーマイスターを工場だけに埋もれさせてはキヤノンにとっても損失である。石井は、全社的な視野で彼らの活躍できる舞台を整えた。現場での経験を他部署でも生かそうというのだ。

そこで石井は、阿見工場のスーパーマイスター、中村裕一を取手事業所（茨城県）の製品開発部門に派遣した。キヤノンでは早くからコンカレント・エンジニアリングを取り入れている。コンカレントとは「同時に起こる」という意味で、設計の段階から現場の意見を反映させるというものだ。設計が終わってから、量産が難しかったり、時間やコストがかかる仕様だと気付いても、設計の見直しには、膨大なムダが発生する。市場へ出すタイミングも遅れる。

取手事業所で、中村は、後継機種の開発に当たって、工場の作業効率や、現場での組み立てやすさについて提案を数多く行った。たとえば、無理な姿勢での作業は、生産現場で、毎日毎回できるものではない。全工程を把握しているからこその意見を開発の段階で取り入れること

で、より効率的な開発から生産への流れをつくることにつながるわけだ。

これは生産の川上の事例だが、逆に川下になるキヤノン販売には、スーパーマイスターの谷田部晃生が出向している。彼は営業マンと同行するサービススタッフとして複写機の保守をする役割についた。商品の構造を知悉した谷田部の目で、実際に使用されている現場を見て、どこが壊れやすいのか、どこに負担がかかるのかを的確に捉えるためだ。

石井は言う。

「コンベヤーの時代は、作業者は工程の一部を延々とこなす単純工でしかありませんでした。しかし、マイスターたちは工程の流れを把握するうえ、使用する工具の改良を行ったり製品検査の知識も学び、単純工から多能工に育ったのです。製造現場を知り尽くした彼らが開発や販売に行くことで、その部門にとっても効率が上がる効果があり、彼らとのコミュニケーションも良くなりました」

教育、研修に力を入れて取り組むのもキヤノンの伝統だ。セル方式の意義を教える「座学」や、実際に四人のセルから一人を活人にするなどと課題が与えられる「現場実習改善」からなる生産改革研修が行われている。一日の目標を全員の前で「オレはやるぞー」と叫ぶモラール訓練もある。また、複数のセルを統括する二四人の職場長には、生産技術の基礎を教え込む「職場長大学」を開いている。

生産改革に終わりはない。セル方式に加え、もう一つの改革が、リードタイムの短縮だ。それまでキヤノンでは、月ごとに「計画」「調達」「生産」のスケジュールを立てていたが、市場の需要により的確に対応するために、週単位で生産計画を立てる「週次製販」へと切り替えた。短いサイクルで少量生産を行い、より柔軟な生産・出荷体制となる。

阿見工場でも、月初に販売会社からのオーダーを基に生産計画を決めていた。それを週単位に改め、リードタイムや在庫、販売損失を減らしていくわけだ。

これに対応するために始めた改良が、「マルチセル」の導入である。スーパーマイスターの資格を持つ技能工に、一機種だけでなく複数の機種の組み立てをマスターしてもらい、一つのセルで多品種生産をするというのである。

このように石井は、常に新しい課題を投げかけながら、それを一つひとつ解決していくやり方で生産革新を続けている。「現状のレベルより少し高いターゲットを設定することが大切」と話す。常に新しいイノベーションとそれを達成するための仕掛けをしていくことが、工場長としての石井の使命だという。

「品質朝市」の効用

セル方式や週次製販は、単に生産を効率化するだけではない。課題が表面化する仕組みともなっている。

「生産改革は、問題を発見するツールなのです。余裕のあるやり方では、潜んでいる問題点は見えません。たとえば、部品の不良品があっても、部品在庫を多く抱えていれば別の部品を使うから見落としてしまう。八時のトラックが九時に来ても、時間管理がいい加減なら、多少遅れても構わないだろう、となる。精度の高い仕事をすると、そこで仕事が止まってしまうため、問題点に気付くんですね」

阿見工場では、七時四五分から部課長や職場長が集まって「品質朝市」と呼ばれる会議を開き、前日に発生した問題やその日の生産計画などの情報交換をする。

「細かい問題は毎日出てきます。それを確認し情報を共有し、対策を決める。朝市では、私と副工場長や生産管理部長、QA（品質保証）部長が揃っているので、その場で結論を決めてしまえるわけです。課題は毎日、その日のうちに処理する、その繰り返しが大切なのです」

一方、生産の中国移転が加速する中、キヤノンも二〇〇一年九月に上海市に近い蘇州市（江蘇省）に阿見工場を上回る規模の複写機工場を開設。国内の三〇分の一の人件費を考えれば当然の戦略だが、日本のものづくりは競争力を保てるのか。

「差別化だと思うんです。国内ではより高度な、独自技術としてブラックボックスにしている要素を含んだ高付加価値製品を手がける。そうした商品は、レンズにせよ、頭脳部であるＣＰＵにせよ、国内でないと調達できない。最上位機種は一台数百万円ですから、販売価格に人件費が占めるウエートも高くありません」

阿見工場からも何人かのマイスターが技術指導に赴き、キヤノン式の生産改革は海外の生産工場でも進められている。しかし、キヤノンは最先端の技術や重要な生産拠点は日本に残す。それを支える優秀な人材がいれば、世界の競合に勝つ工場は維持し続けることができるだろう。

（文中敬称略）　文・岡村繁雄

第④章

「終身雇用で実力主義」新人事制度の凄い中身

みたらい語録
④

私は人事本部に対し、
三つの使命を与えました。
①結果平等でなく、機会均等を
踏まえ、公平・公正を追求する。
②賃金制度を硬直化させる
定期昇給を廃止する。
③グローバルな制度を構築する。

人事制度改革、三つの使命

キヤノンが定期昇給（定昇）を廃止――。二〇〇二年四月、全社員に拡大した新人事制度は、全キヤノンマンの「働き方と意識革命」のトリガーを引いた。

新人事制度では、社員の給料は仕事ぶりや実績に応じて決まる。定昇だけでなく、仕事の成果と関係なく支給されていた家族手当なども廃止した。

給与は年齢あるいは経験や能力に応じて支払うべきか、それとも仕事の役割や成果で支払うべきか――。日本企業の賃金制度は、大きくこの二つの考え方の間で揺れている。前者を従来型の「人」を基準にした賃金体系とするなら、後者は「仕事」を基準にした賃金体系といえる。

キヤノンは、まさに従来の「人基準」から「仕事基準」に基づく人事制度に大きく舵を切ったといえるだろう。

終身雇用の見直しが世の中の流れになっても、御手洗冨士夫社長は、ことあるごとに終身雇用の維持を唱える。一方で、御手洗社長は正当な評価による実力主義と共存する終身雇用こそ、社員が安心して働き、その実力を余すところなく発揮するという信念を持っている。

二〇〇〇年二月、人事制度改革に先立ち、御手洗社長は人事本部に対し次の三つの使命を与えた。

①結果平等ではなく、機会均等を踏まえた公正・公平さを追求する。

②賃金制度を硬直化させる定期昇給を廃止する。

③国際的に競争力のあるグローバルな制度を構築する。

あえて定昇廃止に言及した背景を、山崎啓二郎人事本部副本部長はこう語る。

「定期昇給は労働組合との労働協約によって毎年誰でも三％ぐらいずつ自動的に昇給するものです。会社の業績にかかわらず支払われる非常に固定的な制度であり、経営の判断とは関係のないところで毎年お金がかかる。経営のフレキシビリティーがないのはおかしいんじゃないか、という考えが背景にあります」

ことに、低成長時代においては昇給原資のほとんどが定昇で占められ、「経営の意思」による配分が事実上不可能になる事態に危機感を抱いたのである。

ならば原資を戦略的に配分し、組織と個人の活性化を図るための三つの条件を満たす制度とは何か。それが仕事の役割と成果重視の報酬制度の導入だった。

新制度を理解するには、まず旧制度がどういうものであったかを知ることが必要だろう。旧制度は職能資格制度と呼ばれる社内資格が給与のベースとなっていた。「資格」は社員の経験と能力で決まる。人事考課によって一定の経験や能力が向上したと評価されれば上位の資格に「昇格」し、年齢が上がるに従って賃金が上がる仕組みであった。

旧制度は年功序列とは謳っていないとしても、傾向として年功的賃金にならざるをえなかった。だが、入社後、誰でも社歴とともに同じように経験と能力が積み上がり、同じ能力に達するわけではない。

また、実力があっても資格が低い若手の抜擢をやりにくい状況もあった。

「下位の役職だった優秀な若手社員が部長になり、年配の社員がその下につく場合、上位の資格を持つ年上部下の給与は、年下上司より高くなるという逆転現象も発生します。これでは公平とはいえません。また、(旧制度では)基本的に資格は定年まで持ち続けるので、たとえば組織変更などの理由で、部長が担当部長や課長職になっても給与は同じなんです。(旧制度には)このような問題がありました」

優秀な若手を高位の役職に昇進させても、給与が見合わなければモチベーションも上がらない。しかし、そのためにどんどん資格を上げ、年配者の給与が資格に張りついたままであれば、人件費は増加する一方である。結果として若手の登用など柔軟な人事運用を妨げるという弊害を生むことになる。

「四〇歳で二倍」の格差

こうした弊害を除去するのが新人事制度の「範囲職務給」だ。二〇〇一年四月に管理職層、二〇〇二年四月に一般社員層に導入された。

まず、一人ひとりの社員は仕事の役割の大きさに応じて一般社員はE・J1～J4の五段階、

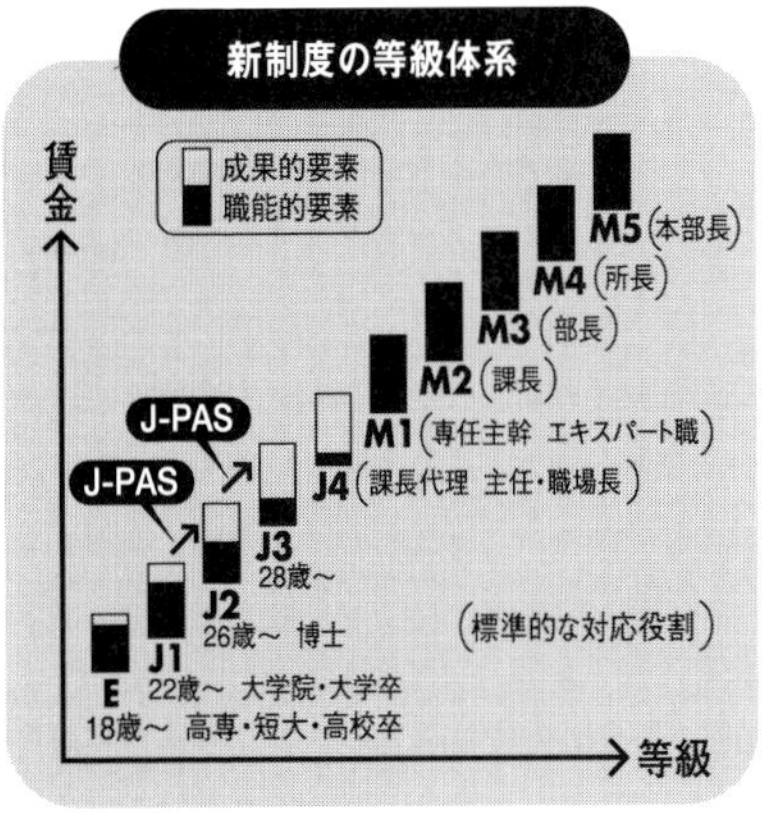

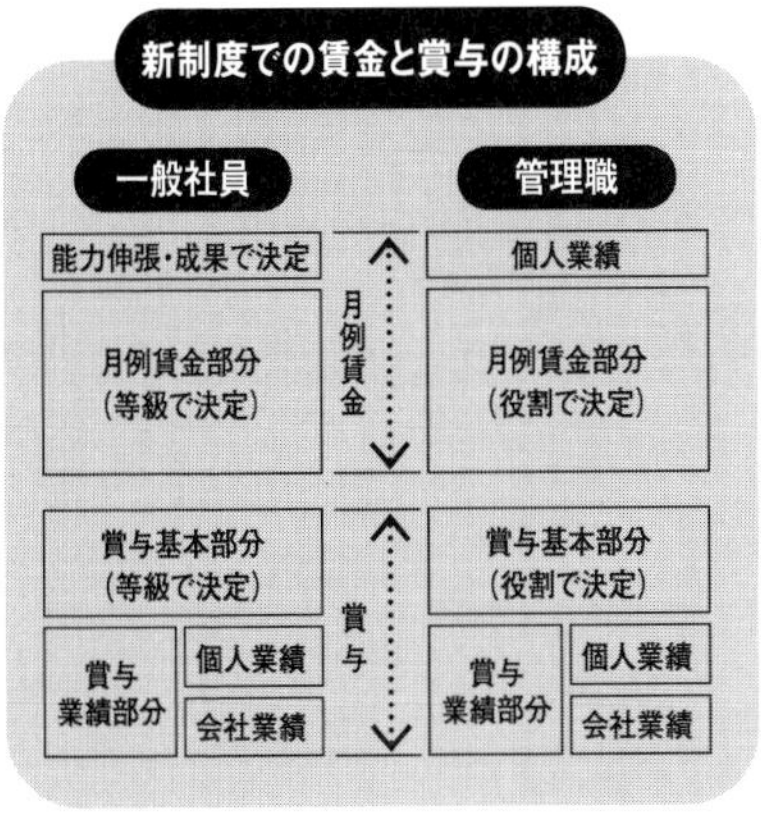

管理職はM1~M5の五段階の等級に格付けされた(前頁表参照)。社内では、若手の多いJの等級に該当する社員を「Jリーグ」と呼ぶ人もいる。

役割は職務と職責から成る。職務は担当業務であり、職責はその職務遂行上発生する責任である。たとえば、製品組み立ては職務であり、「製品組み立ての能率を一〇%アップする」という職責が加わって、役割という概念が出来上がる。役割に対する報酬は一定の幅があるので、「範囲職務給」と呼ぶ。報酬は、年齢や経験は関係なく、ある部の部長の仕事ならいくらといった具合に、役割でほぼ自動的に決まる仕組みである。さらに、個人の成果などを反映して決める。

管理職の場合は、異動などのポジションの変更によって、等級の〝格下げ〟もある。たとえばM4の等級の社員がM3に格下げされるとボーナスを含めた年俸は大幅にダウンする場合がある。従来の資格が、人間に張りつき、給与も固定していたのと違い、今度は仕事が変われば等級がアップダウンする。加えて、従来は人事評価が低くても五五歳までは定昇があったが、新制度では評価によっては昇給しない。これによって、年功的色彩の強かった処遇を払拭することになる。

それだけではない。ボーナスも従来は資格を重視した基本給×月数プラス個人業績で決まっていたが、新制度では管理職の場合は役割反映部分と個人業績と会社業績の三つの要素で決定される。仕事の役割と出した成果によって社員間で賞与に大きな格差がつく。

今回の制度改正で、年収の最高額と最低額の格差は、四〇歳で二倍ともなるのだ。

キヤノンは伝統的に実力主義を標榜している。山崎副本部長は新制度は実力主義をさらに進化させたものと語る。

一般社員の評価基準

評価区分	評価要素	評価項目		ウエート			
				E・J1	J2	J3	J4
成果	目標達成度	業績目標 能力開発目標（J4はなし）		10%	20%	30%	40%
成果	日常業務遂行度	仕事の量と質		40%	40%	40%	40%
能力・意識	能力	①知識 ②コミュニケーション力 ③課題解決力	（J4は ①知識 ②交渉力 ③革新力 ④リーダーシップ）	30%	30%	20%	10%
能力・意識	意識	①チームワーク ②チャレンジ精神 ③自律性	（J4は ①中核意識 ②チャレンジ精神 ③誠実性）	20%	10%	10%	10%

管理職の評価基準

評価要素		評価要素の考え方	ウエート	
			M1〜3	M4・5
成果	目標達成度	業績目標の達成度	50%	100%
成果	役割達成度	各人の職務に与えられた役割の達成度	20%	—
成果	管理職業務遂行度	管理職として期待されるプロセスの遂行度	20%	—
行動	管理職行動基準	キヤノンの管理職としてふさわしい行動の基準	10%	—

「定昇の廃止により、評価によっては昇給しない人も出てくる。これはキヤノンでは初めてのことです。これまでも昇格試験など実力主義を実行する制度を持っていましたし、その点では世間より比較的実力主義の浸透した会社であるとは思っています。しかし、その一方で時間の経過とともに資格が上位に硬直化し、やや年功的、平等主義に偏ってきた傾向があります。その結果、一生懸命がんばって成果を上げた人でも、わずかしか報われないという負の面が目立ってきた。会社を発展させていくためにはキヤノンの実力主義のいい点にさらに磨きをかけていこうというのがこの制度です」

結果が等しい「平等」な制度でなく、機会が等しく得られる「公平」な制度だと明確に打ち出したことになる。

逆転あり、敗者復活あり

あるキヤノンの社員は「新人事制度がスタートしてから、皆の仕事への取り組み方が変わった。同期に負けたくないので、がむしゃらに成果を出すようになりました」と率直に言う。

キヤノンの人事評価制度は、目標管理制度と連動している。等級に応じた評価ポイントは別表の通りであるが、社員は次のような手順で人事評価が決まる。

毎年一月、前年度の個人業績の評価と当年度の目標設定のための面接を実施する。会社は個人に対して人事評価の結果を三月にフィードバックし、四月に新基本給・賞与（基本額・個人業績加算額）の通知を行う。定昇廃止のため、昇給がない場合もある。当年度の目標については、七月に上司と中間面接を行い、仕事の達成度合いなどを確認、指導を行い、翌年期初に個人業績の評価をするというのが基本的なフローチャートである。

ところで、一般職（J等級）の社員は「J-PASS」という資格試験に合格しないと昇格しない。J1からJ2、J2からJ3へ上がる機会に試験が実施されるが、試験の合格率は五割を切るとも伝えられるほどの難関だ。このため、試験に挑む若手は仕事と勉強を両立させるのに懸命になるという。試験に合格しないと、年齢が上がってもずっと「Jリーグ」のままである。これでは給与は上がらないので、皆試験に必死になるのだ。

「昇格試験は、優秀な人間は一発で受かりますが、落ちても何度でもチャレンジできます。受かると昇給率が高くなり、給与もドーンと上がります」（山崎氏）

一方で、新人事制度移行の導入に伴う激変緩和措置も用意された。家族手当など諸手当を基本給に組み入れたのである。

「通常、家族手当は妻の分は離婚ないし妻が働くことになればなくなりますし、子供の分も将来独立すればなくなる性質のものです。ですから考えようによっては家族手当の分を新しい賃金の中に入れましたから、子供が将来独立してもその分は賃金として残ることになるんだということを説明すると、総じて納得してくれました。

また、最初の一年は、一般社員については従来の職能資格制度の給与を平行移動する形で移行しました。管理職の場合は個々の仕事の役割評価を実施した結果、従来の資格の給与より下がる人も出てきますが、最初の一年は、年収総額の、ある割合までは保証しましょうと、セーフティーネットをかけました」(山崎氏)

一年間は激変緩和措置で救われたとしても、二年目以降は仕事の役割と成果によって給与が下がる社員は当然発生することになる。管理職層はすでに三年目に入っている。社員の不満は発生しなかったのか。山崎は言う。

「管理職は二年目でセーフティーネットを外しましたから、確かに一定数の人間は下がっています。しかし、この制度は敗者復活ができるシステムでもあります。がんばればもとに戻れますし、上にもいけます。逆転もある。そのことを繰り返し、説明しましたし、今は予想以上に不満は少ないです」

また、激変緩和措置で、従来から家族手当を得ていた社員は基本給にその分の上乗せ措置を受けられたが、逆に未婚者の場合、同じ評価でも基本給は数万円低い。これは既婚か未婚かという違いだけで、ベース賃金に格差が発生するということで、一部の社員から不満の声が出たこともある。

日本型「実力主義」への挑戦

旧秩序のシステムを破壊し、新しいシステムに移行するのは容易ではない。当然旧システムに慣れ親しんだ人間の反発は大きい。処遇と給与に関わる人事制度であればなおさらである。

今日、成果主義や年俸制を導入する企業が相次いでいる。しかし、業績低迷期にこの手法を持ち込み、人件費原資という〝米櫃〟に余裕もなく、ただでさえ給与が上がらない状況下で、社員格差をつけることは、逆に社員の不満が増大するというリスクも生む。かといって経営的に余裕がある企業が旧秩序を破壊してまで成果主義に踏み切れるだろうか。躊躇する経営者が少なくないだろう。キヤノンの人事制度改革はまさにこの点において革新性がある。

御手洗社長は人事本部に、「会社の業績がいい今、やらないといけない」と言ったという。山崎も、「やっぱり会社の状態がいいときにやらないと。いくら公平を追求した制度といっても、受け取る社員に人件費の抑制じゃないかと言われたら導入する意味はありません」と語る。

好業績期の新制度導入効果はすでに表れ始めている。二〇〇二年のボーナスは新制度の導入により社員間の格差が生まれたが、増収増益により「過去最高の会社業績が影響した結果、過去最高のボーナスとなり、評価の低い社員でも底上げされた」(山崎氏)。この効果は痛みを生まざるをえない成果主義のソフトランディングにもつながる。

キヤノンは実力主義と並んで経営者のメッセージとして終身雇用を標榜する。

成果主義の母国、アメリカでは社内のバッドパフォーマーは常に駆逐され、外部に排出される。それが組織の活性化に繋がっているのだ。

一見、矛盾する実力主義と終身雇用の両立だが、終身雇用の意義について山崎はこう語る。

「雇用を大事にする伝統は創立以来ですし、現在でも生産拠点がアジアにシフトしていく中で、余った人員を職種転換させて忙しい工場に移ってもらうなど、雇用を守る努力をしています。現実問題として雇用の流動化とはいっても、日本ではそうはなりにくい。アメリカの人口は日本の倍ですが、企業数は日本は五〇〇万社、アメリカは三八〇〇万社。労働力の需給が全然違いますし、日本は非常に閉鎖された労働市場です。キヤノンを離れても食っていけるかというと非常にむずかしいし、無責任なことは言えません。

よく二・六・二の原則といって、組織の中では、上位二割が稼ぎ、下位二割はお荷物になるといわれます。評価の低い二割の社員は外に出てもらうという会社もありますが、キヤノンはそうじゃない。下位二割の人にもがんばってもらう、その上はさらにがんばってもらう。そのためにも『会社はちゃんと雇用を守る努力をします』というメッセージを出している。事業部や生産本部が事業転換やアジアにシフトするという企画立案をする場合、では雇用を確保するためにどうするのかと考えるのがＤＮＡのように染みついている。雇用を守りますということが社員に安心感を与えています」

山崎はこうした土壌だからこそ実力主義を導入する意義があると強調する。

「ややもすると世間では、当たり前ではないのに雇用が守られているのを当たり前のことと感じている。大事なことはキヤノンは社会の中で日々競争しているのであり、一つの企業の中で動いているわけではない。世間との比較の中でキヤノンとは何なのかということを社員にわかってもらい、視野を広げてもらうことです。実力主義もそうした社員の視野を広げ、自覚を促す機能の一つといえます」

人事制度はそれ単体では機能しない。独自の企業文化にいかに位置づけるかによって効果が発揮される。キヤノン流人事制度こそその一つの証明といえるだろう。（文中敬称略）

文・溝上憲文

「知行合一」の経営者 御手洗冨士夫

みたらい語録
❺

目標設定は、権限のある
トップが的確に行うことが
絶対に必要です。
トップダウンは独裁的との
批判もありますが、
ボトムアップこそ、
トップの責任回避です。

「望郷」の思いやまず

先祖代々医者の家系に生まれて

青年は、都会暮らしに疲れて挫折したとき、逃げるようにして故郷へ帰った。そして、黒潮が流れ込む豊後水道の入江をじっと眺めていた。耳に入ってくるのは潮騒と風のささやきだけ。人工の音はまったく聞こえない。冬でも温暖な故郷の空気は冷めた青年の心を温め、再び元気を与えてくれた。

このワンシーンこそ、二〇〇三（二〇〇三年一二月期）年度も四期連続で最高益更新を果たし、キヤノンを名実ともに「高収益企業」に育てた御手洗冨士夫（六八歳）の原点である。「望郷」ということばは、御手洗のためにあるのではないだろうか。そう思えてくるほど、御手洗は故郷を愛し、そこで生まれ育ったことを誇りに思っている。今も、戸籍は大分県蒲江町のままだ。

「私は八人兄姉の末っ子ということもあり、甘えん坊で母が好きでした。兄たちに言わせると、

『俺たちに厳しかった親父もおまえには甘かったぞ』と言っていますが、私にとっても、やはり、親父は厳格な人で、おふくろの優しさが今でも心に残っています。だから、いずれは、おふくろが住む故郷へ戻って暮らしたいと考えていましたが、意に反して、東京、アメリカへと、どんどん、おふくろから離れて遠くへ行ってしまいました。二三年のアメリカ駐在を経て、やっと東京に戻ってきたのが五三歳のときですから」

御手洗は、一九三五（昭和一〇）年九月、大分県の最南端にある小さな半農半漁の町に生まれた。少年時代の御手洗は、家を出れば目の前に入江が複雑に入り組んだリアス式海岸が広がっていたこともあり、夏は毎朝、小学校へ登校する前に裸で泳ぎ回っていた。そのとき、いつも御手洗が目にした光景は、小さな船に乗って艪を漕ぎ、もくもくと漁をする漁師たちの勤勉な姿だった。

「非常に風光明媚ないい町だと思います。それに、みんな人柄が良くて、犯罪なんか一切ありませんしね」

御手洗家は、代々、医者の家系で父も外科医をしていた。長兄は名古屋大学医学部の教授を務め、下の兄二人も故郷でそれぞれ病院を営んでいる。そして姉も医者に嫁いだ。そのような家庭環境にあって、御手洗が医者の道に進まなかったのは、末っ子だからという理由だけではなかった。

「父も強要しませんでしたが、私も医者が好きじゃなかった。それは、小さいとき、あるショッキングな経験をしたからなんです」

一九四五年七月、終戦間際のことである。豊後水道の入り口で日本の駆逐艦が連合軍の潜水艦に撃沈されたのだ。ちょうどそのあたりは、敵艦の侵入を防ぐために機雷がいっぱい敷設されている地帯だった。だが、漁師たちはそのような危険を顧みることもなく、勇敢にも船を漕ぎ、傷病兵たちを救出したのである。そして、救われた傷病兵たちが、御手洗の父のもとへどんどん運ばれてきたのだった。病院だけでは収容しきれず、御手洗の自宅にも傷病兵が担ぎ込まれた。

「ウー、もうだめだ。何とかしてくれ」

傷ついた兵士たちはうなり声を上げながら耐えていた。三日間ほど徹夜で手術が行われ、切り落とした足や手が家の中にも転がり、まさに地獄絵と化した。そして、担ぎ込まれた半分の人たちは尊い命を失ったのだった。

「お母さん、怖いよー」

小学四年生の御手洗は、修羅場で果断に振る舞う父を目のあたりにして「お父さんは、本当に偉い人だな」と尊敬する一方で、恐怖のあまり母親に抱きついたまま離れようとはしなかった。

このときほど、御手洗が母の温もりを感じたことはなかっただろう。だが、御手洗がさらに母の愛情に触れたのは、終戦直後のことだった。

「何もない時代です。教科書すらなかった。持っているのは先生だけでした。おふくろが、先生から教科書を借りてきて、夜、筆で複写し、予習させてくれました。そのころは、遊びほうけていたので勉強するのが嫌でしょうがなかったのですが、今から考えるとすごい親だったなと思います」

最愛の母から遠ざかる日々

御手洗がはじめて愛する母のもとを離れることになったのは、中学校を卒業し隣町の佐伯鶴城高校へ進学したときだった。そして、高校二年になると、兄二人が東京慈恵医科大学へ行っていたこともあり、上京し東京都立小山台高校へ転校する。このときから、御手洗の生活は一変した。大分県佐伯から東京に出てくるまで二六時間かかるという時代である。外国に来たようなカルチャーショックを受けたのだった。

御手洗が東京駅に着くと、兄が出迎えに来ていた。

御手洗は久しぶりに会った兄に甘えるように言った。

「兄さん腹ペコだよ」

兄は「富士夫、おもしろいものを食わせてやる」といたずらっぽく微笑みながら、御手洗をそば屋に連れていった。その頃の蒲江ではそばを食べる習慣がなく、御手洗もそばを食べたことがなかった。御手洗は、そば屋に入り席に座ると周りの客を見渡した。すると、皆、山盛りに盛られたそばを食べている。御手洗は大きな衝撃を受けた。

〈東京の人はなんて大食漢なんだろう〉

田舎から出て来た御手洗は、ざるそばのざるは上げ底になっていることを知らず、ざるの下までそばが入っているのだと思っていたのである。

もう一つの驚きが、下宿で出された納豆だった。

「兄さん、これ何」

「納豆だよ」

「え、何でそんな甘いものをご飯の上に載せて食べるの」

御手洗の故郷で言う納豆とは、甘納豆のことである。おやつに食べる甘納豆をご飯と一緒に食べるというのだからその驚きは尋常ではなかった。

「今では、故郷でもそばや納豆もめずらしくありませんが、私が上京したのは昭和二六（一九五一）年のことですから、何もかも驚きの連続でした」と御手洗は異文化体験を懐かしむ。

カルチャーショックは、食べ物だけではなかった。上京一年目の一九五二（昭和二七）年には、皇居前で車が焼かれる「血のメーデー」に遭遇したのだった。

「のんびりした田舎から出てきて、東京ってなんて怖いところなんだ。同じ日本でもまったく違う、と思いましたね」

右往左往しながらの東京生活にもやっと慣れた御手洗は中央大学法学部へ進んだ。

「自分で言うのもおかしいですが、正義感が強いほうでしたから、検事になりたいと思っていました。そして、高校生の頃から友達と議論するのが好きでしたので法律学が向いているのではないかと自分なりに判断しました。経済学部も考えたのですが、経済学がどんどん数理化されていた時代で、なんとなくとっつきにくかった。法学部のほうが、論理的なだけでなく思想があるような気がしました。今、ビジネスマンとして法学部を卒業してよかったなと思うのは、物事を分析し、論理的に考える習慣を会得できたことでしょう」

現在、日本経団連副会長も務め、歯に衣を着せぬ発言をする財界の論客としての萌芽は、すでに高校、大学時代に見られたようだ。特に、単に一企業の経営だけにとどまらず、二三年間にもおよぶ長いアメリカでの経験を踏まえたうえで、常にマクロな観点から日本を客観的に見ようとする姿勢は、御手洗が一九六〇年代に大学生活を送ったことと無関係ではないだろう。

「夏休みは友達と北海道などへ旅行することもありましたが、学生が安保闘争に明け暮れていた時代じゃないですか。私も、デモにはよく行っていましたね。あまり、のんびりした時代ではありませんでした」

戦後があちこちに残っていて、復興に向けたエネルギーが充満していた時代で、キャンパスにもさまざまなタイプの学生が集い、血気盛んな空気が充満していた。

検事を夢に見たり、デモに明け暮れていた御手洗も「転向」し、一九六一（昭和三六）年、叔父・御手洗毅が創業に参加したキヤノンカメラ（現キヤノン）に入社することになった。医者にはならなかったけれど、父の弟が経営する会社に入社すれば、少しは両親も安心するだろうとの思いがあった。

工場研修や経理を経験した後、御手洗は営業部販売第一課に配属される。

「九州の支店長に憧れていたんです。その頃は、リコーが強くてね。ようし、キヤノンで九州を塗りつぶしてやるぞ、と思っていたら、昭和四一（一九六六）年五月にアメリカ転勤を命じられました。故郷の近くに戻れるどころか、もっと遠いところへ行かされてしまいました」
御手洗は三〇歳にして、さらに母から遠ざかってしまった。

「妻は私の戦友でした」

一九九五年に社長に就任した後も、パソコン事業からの撤退をはじめ、次々と大きな決断を下し、構造改革をスピーディーに断行していった。御手洗は、仕事だけでなく私生活もスピーディーである。結婚もしかりだ。

三四歳になっていた御手洗は、アメリカから戻り集中的にお見合いをする。そして、わずか一〇日で「この人だ」と決めたのが、東京女子大学を卒業し、郷里の短大で英語の講師をしていた千鶴子である。その後、御手洗は、再び帰国し結婚式を挙げ、その足で千鶴子をニューヨークへ連れて帰った。つまり、それが新婚旅行だったのである。

「私にとって、アメリカ時代は戦場でした。どんどん仕事が忙しくなっていったから、女房には申し訳なかったのですが、ヨーロッパへ旅行することもできませんでした。二人で飛行機に乗ったのは、台湾に行ったときと、レーガン大統領からホワイトハウスへ招待を受けたときの二回だけです」

御手洗のアメリカでの生活は、キヤノンUSAの急成長とともにあった。御手洗は、プライベートな時間もすべて仕事に捧げた企業戦士である。一年のうち半分は出張でアメリカ、カナダを飛び回っていた。家のことはすべて、家庭的だった千鶴子が仕切った。家族が生き字引として利用するほど英語が堪能だった千鶴子は、PTAで活動したり、アメリカ人家庭とも積極的に付き合い、自分の世界を持つようになっていった。

「私は、夫婦分業で、子育ては女性の崇高な仕事なのだという信念を持っていましたから、子供のことは女房に任せっぱなしでした。でも、女房は母として厳しかったから、息子、娘は皆、人間としてまともに育ってくれました。女房のおかげで、私は、心置きなく〝戦場〟で自由に仕事ができた。ですから、私は、女房に〝戦友〟として心から感謝しています」

だが、戦友は二〇〇二年三月二八日、天国に召された。御手洗千鶴子、五九歳。くも膜下出血による突然の死だった。

御手洗はこの年、(財)経済広報センター(会長＝奥田碩・日本経団連会長)が主催する「第一八回企業広報賞」の「優秀経営者賞」や米『ビジネスウィーク』誌の「ベスト企業経営者25」など、この類の賞を総なめにしている。御手洗は、堂々と持論を展開する人物にしては、憎めない照れ屋だ。きっと、御手洗は心の底では、墓前で千鶴子に「最優秀婦人賞」を授与したいと思っているのではないだろうか。

幸い、御手洗自身はすこぶる元気である。

「私、身体検査を受けると、検査結果が〝A〟（健康）ばかりなんです。この年になってすべてAというのもおかしいと思い、お医者さんに言って再検査してもらったのですがやはりAでした。どうやらDNAみたいですね。親父も九八歳、母も九一歳まで生きましたし、兄も八〇歳を超えているのにぴんぴんしていてゴルフを楽しんでいます」

御手洗を見ていると年齢とはいったい何だろうかと考えたくなる。御手洗自身が健康であり続け、キヤノンだけでなく日本のために活躍することが、亡き千鶴子にとって何よりもすばらしいプレゼントになるのではないだろうか。

「大事なこと」はアメリカで学んだ

「セル方式」導入を決断させた原体験

御手洗冨士夫は生え抜きだが、二三年間、アメリカに住み日本で部課長を経験したことがない社長である。

御手洗は、一九九五年に社長に就任して以来、不採算事業になっていたパソコン事業や、独自路線を取っていたがゆえに事業化できなかった液晶の研究開発から撤退し、さらに、事業部間の壁を取り除くなどして大企業病に陥っていたキヤノンを見事に蘇らせた。なぜ、同じ生え抜きながら改革に手を焼いている「並の社長」とは異なり、強いガバナンスを発揮することができたのだろうか。

それは、長い間、遠く離れた地から日本型経営とアメリカ型経営の長所と短所を客観的に比較、分析し、日本に合う理想的な経営とは何かということを考える多くの機会を得ることができたからだろう。さらに、日本企業を構造改革するうえで、もっとも大きな障害となる「しがらみ」と無縁であったことも大きな要因であったのではないだろうか。

アメリカ的なトップダウン型経営者として知られる御手洗だが、自らの歴史は「現場」に刻んできたようだ。

御手洗は六一年四月、キヤノンカメラ（現キヤノン）に入社した。三カ月間の研修を受け、最初に配属されたのがレンズの組み立てを行っていた「組立二課」だった。

「私が工場にいた話なんて、うちの連中だって知らないですよ。工場が好きになり、現場主義になったのも、工場で非常に充実した体験をしたからです。帰国してから一五年間、毎年欠かさず国内全工場を回っています」

新入社員の御手洗にとってベルトコンベヤーは冷たかった。なかなかその流れに追いついていけない。しかし、三カ月もすると鼻歌まじりで、週末のスキーやテニスのことを考えながら作業ができるほど余裕が出てきた。苦痛の日々が楽しい日々に変わったはずの御手洗だったが、なぜか、疑問を抱くようになっていた。

「ベルトコンベヤーというのは、自分がどんなに習熟しても、そのスピードよりも生産性は上がらない。本人の加工技術も、それ以上、向上しないじゃないか」

その後も御手洗は、この疑問を持ち続けていた。そこで社長に就任すると、すぐに改善案を練り始め、九八年に日本メーカーとしては極めて早く全社的にセル生産方式（小規模単位の生産方式）の導入に踏み切ったのだった。「現場を経験したからこそ即断即決できた」（御手洗）のである。

なぜナンバーワンにこだわるのか

ところで工場だけでなく、〝ミタライズム〟を形成するうえでもっとも大きな影響を与えた「現場」はアメリカだった。

六六年五月、御手洗が三〇歳のときである。年初に設立された米現地法人・キヤノンＵＳＡに赴任するためニューヨークへ旅立つことになった。御手洗にとっては歴史的な日である。その翌日から、よもや二三年間もアメリカで働くことになろうとは、本人も想像していなかったことだろう。羽田空港（現東京国際空港）には一〇〇人近くの仲間たちが見送りに駆けつけた。御手洗は生まれて初めて飛行機に乗った。胸がときめいた。

青雲の志を抱いて「大きな現場」にたどり着いたが、待ち受けていたのは厳しい現実だった。

その頃、アメリカでは日本製カメラの評判が高くなり始め、ニコン、ヤシカ、そしてミノルタなどの製品がシェアを急拡大していたが、キヤノンは苦戦を強いられていた。日本でニコンとトップ争いをしていたキヤノンだが、アメリカでは、現地企業のベル・アンド・ハウエルを通じて、“Bell & Howell/Canon”のブランドで販売していたため、それが災いしたのである。つまり、同社にとっては、キヤノン製品を売るのはあくまでも副業であり、売れすぎると自社製品が売れなくなってしまうので積極的に販売しようとしなかったのだ。

六六年一二月にベル・アンド・ハウエルとの契約が切れることになっていた。実は、御手洗がアメリカへ送り込まれたのも、これを機に捲土重来を期すためだった。ところが、御手洗は「二階へ上げられて、はしごを外された」。東京オリンピック後の不況で日本の消費は落ち込み、キヤノンの業績も悪化したのだった。それで、アメリカでのカメラ販売を直売に切り替えるために投資する余裕がなくなってしまい、ベル・アンド・ハウエルとの契約をさらに六年延期した。

「このままでは、羽田まで見送ってくれた仲間たちに顔向けできない」

御手洗は、キヤノンUSAの売り上げを上げるには自分はどうすべきか考えた。思いついたのが電卓の営業である。当時、キヤノンは10キーボードの電卓を世界で初めて製品化したばかりだった。

「経理の仕事をやりながらでいいですから、電卓の営業もやらせてください」

御手洗は、将来、カメラの直売が行えるようになったときのため、営業を勉強しておこうという思いから自ら二足のわらじを買って出た。担当地域はカナダだった。トロント、モントリオール、カルガリー、バンクーバーのディーラーを、年三回、飛行機とレンタカーを駆使して、二週間かけて回った。ディーラーたちと付き合う間に、御手洗は言葉（英語）をブラッシュ・アップするだけでなく、外国人に直接体当たりすることで国際的な営業感覚を身につけていった。

だが、バンクーバーからサンフランシスコ経由でニューヨークに戻ると辛い日常が待っていた。

相変わらずキヤノンは、カメラでは最下位のシェアに甘んじていたのである。

「私は（マンハッタン近郊の）フォーリストヒルズに住んでいて、マンハッタンのオフィスから帰るときブロードウェーを通っていたのですが、二社だけ日本企業のネオンが煌々と輝いていました。ソニーとヤシカでした。悔しかったですね。日本ではヤシカよりキヤノンのほうがずっと大きな会社になっていたのですが、アメリカでは立場が逆転していました」

御手洗にとって、ベル・アンド・ハウエルとの契約が切れる七二年が、待ち遠しくてならなかった。直売に変えない限り状況は変わらないと見ていたからである。そして、いよいよ七二年がやってきた。そのときは、キヤノンの業績も復調していたので、七月一日から難なく待望の直売に切り替えたのである。

「あのときはものすごく感激しました。それまでの屈辱を晴らしてやろうという思いで一杯でした。私は、直売開始と同時に初代のカメラ部門のゼネラル・マネージャーになり女房と子供を日本に帰して、半年間、ディーラー契約を取りつけるため、土、日も休まず、昼夜の隔てなく全米を走り回りました」

その頃、新興勢力のディーラーは比較的キヤノンに好意的であったが、総じて言うと、まだまだ「新参者」に対するディーラーの態度は冷たかった。

七四年のクリスマス前のことである。大不況の嵐が吹き荒れていた。御手洗は一台でも多くキヤノンのカメラを売りたいという思いにかられていたのだった。

御手洗はマンハッタンの小売店に出向いたが、先にニコンほか数社の営業マンが売り込みに来ていた。店主は、売れているメーカーから順に話を聞く。そのため、御手洗は凍えつくような寒いところで五時間も待たされた。ニューヨークの冬の寒さは肌に刺さる感じがする。御手洗は、その酷寒と同時にすさまじい競争社会の現実を自分の肌で感じ取っていた。

「五〇万《ドル》、一〇〇万《ドル》という売り上げを挙げるために、皆、ものすごく頑張っていた時代でした」

しかし七六年、キヤノンにもようやく春が訪れた。技術志向のキヤノンらしい打開策で市場を切り開いた。一眼レフでもっとも厄介だった露出調整を電子化することにより、飛躍的に操作を簡単にするとともに、大幅に低価格化した〝AE-1〟を発売したのである。御手洗はこの新製品に賭けた。いくら、ディーラーに頭を下げて回っても相手にされないのなら、この画期的な製品を直接、消費者に知らせよう、と考えた。それまでは、専門誌、業界紙（誌）を中心に出していた広告を、テレビCMに変えた。借金までして確保した一五〇万ドル《ドル》は、当時のキヤノンUSAとしては破格の宣伝費だった。御手洗は笑われた。

「キヤノンはバカじゃないの。マニア向けの一眼レフを、大衆メディアを使って宣伝するとは。金の無駄遣いだよ」

ところが、御手洗の読みは当たった。カメラ店に客が押し寄せ、〝AE-1〟は爆発的に売れたのである。御手洗はそのときの光景が今でも頭に浮かぶという。

「ディーラーの態度が、『売ってやる』から『売らせてください』に急変しました。積年の悔しさに耐え、天下をひっくり返した。一生の思い出ですね」

それから二年後の七八年、キヤノンはアメリカのカメラ市場で一躍トップに躍り出た。現在もアメリカで約四〇％のシェアを占め首位に君臨している。ナンバーワンシェアにこだわる御手洗の原点は〝ＡＥ‐１〟のヒットにあるのだろう。

厳しい自由競争社会のアメリカで苦汁をなめた御手洗だが、アメリカ人の「義理と人情」にも触れ危機から救われたこともあった。

八三年、全米の事務機ディーラーが集まるトレード・ショー〝ＮＯＭＤＡ〟で「一揆」が起こるという情報が、キヤノンＵＳＡの社長になっていた御手洗の耳に入った。キヤノンを訴えるため、北部の約二〇〇のディーラーが結託し決起集会を開催するというのである。八二年に世界で初めて製品化したドライトナーを使うコンパクトな卓上用複写機〝２００Ｊ〟は、アメリカの中・南部ではヒット商品になっていたが、冬場、強い静電気が発生する北部は、ドライトナーが異常を起こし複写画像がおかしくなるというトラブルが相次いだ。それで、その地域のディーラーから「〝２００Ｊ〟は、欠陥商品だ」という苦情が出たのである。

御手洗は困惑していた。対策の施しようがないまま、〝ＮＯＭＤＡ〟の幕開けとなった。キヤノンＵＳＡは、会場近くのホテルでディーラー一〇〇〇人を呼びパーティーを催した。御手洗は不安な気持ちで壇上に立ちスピーチを始めた。ところが、誰も聞いている様子はなく会場はざわめいていた。その会話が御手洗にも聞こえてくる。キヤノンをどう訴えてやろうかということで話が盛り上がっていたのだ。御手洗が三〇分のスピーチを終えて「これはいかん」と思いながら壇上から降りてきた。どうしようか、と考えていたときである。突然、ジェリー・マーフィーというニュージャージー州のディーラーが壇上に飛び上がり話し始めた。会場は騒然とした。

「私の店では、〝200J〟のおかげでビジネスが蘇りました。私は、ミスター・ミタライとキヤノンにお礼を言いたい」

マーフィーは、御手洗を壇上に呼び表彰状を渡したのだった。

御手洗は感激のあまり大統領選挙さながらの演説を始めた。

「われわれとディーラーは、運命共同体じゃないですか。ディーラーが犠牲になるビジネスなんてありえません。真剣にこの新しい製品を開発しましたが、日本の静電気はアメリカの北部ほど強くないから、トラブルが起こるとは予測できなかったのです。今、死にもの狂いでこの問題を解決しようとしています」

その演説は三〇分間にも及んだ。御手洗の体は汗まみれになっていた。「スポーツをしたとき以外、あれほどたくさんの汗をかいたことはなかった」。熱弁の思いが伝わったせいか、翌朝、約二〇〇人が集まり行われる予定だった決起集会には一人も姿を見せなかったのである。

「和魂洋才」の経営者

御手洗のアメリカでの苦労談はこのほかにも事欠かない。そこから、御手洗は体験的学習をした。アメリカに長期にわたり駐在し、これほど多くの経験を積んだ日本人エグゼクティブは数えるほどしかいない。それだけに、アメリカで現地法人の長になる人にとって御手洗は生き字引的存在になっていた。

ベアリング大手の日本精工・米現地法人NSKコーポレーションの社長を務めた関谷哲夫（日本精工会長）も年が一つ違いという誼《よしみ》で教えを受けた一人である。

二人の会話は禅問答のようだった。英語に自信がなかった関谷は、アメリカ人と丁々発止できる御手洗に会うなり、率直に質問した。

「私は、日本で経理部長をしていたので経理しかわからないんです」

御手洗の答えは明確だった。

「経理さえわかれば大丈夫。アメリカでも立派に経営者として務まりますよ」

関谷は御手洗の一言に悟りを開いた。八〇年から八年間、デトロイトに駐在したが、何度も御手洗に相談に行ったという。御手洗は業界の枠を超え、後輩駐在員の家庭教師役を務めたのだった。

逆に、「選択と集中」の経営を徹底し、この不況下にありながら、二期連続で最高益を達成した「名経営者」を形成するうえで家庭教師役を務めてくれたのは二三年の間に接したアメリカの名経営者たちだった。彼らとの交流を通じて御手洗は、アメリカ型経営と日本型経営の長所、短所を発見し、日本の社会システムにジャスト・フィットする理想的な企業経営の解を見いだしたのである。それが、歯に衣着せぬ発言をする財界の論客としての地位を不動のものにしている。

たとえば、エンロンの不正会計事件により、アメリカ型経営の短所が指摘され始めているが、「エンロン事件のような不祥事は昔からありました。しかし、ほとんどのアメリカの経営者はキリスト教精神に支えられた強い倫理観を持ち経営している」と前置きして、犯罪に走る理由について次のように答えた。

「アメリカは株主の力が非常に強いですから、利益を出して配当や株価を上げる経営に走りがちです。だから、どうしても短期決戦型になります。それがいいという意見もありますが、あのような経営スタイルこそ粉飾決算の温床になっているのです。アメリカ型経営というのは、株主の圧力がどんどん強まれば、耐え切れず犯罪を起こす危険性を常にはらんでいるわけです。

日本企業にやられ始めた七〇年代、アメリカ企業は、法人間での株式持ち合いによる長期資本のもと、短期決戦を強いられない日本企業をうらやましがっていたほどですよ」

似非アメリカ型ともいえる日本企業の社外取締役制についてもばっさりと切る。

「アメリカは流動性が高いですから、役員もどんどん代わっていく。それに、犯罪も多いものだから、お目付け役に客観的な目を持った社外取締役を送り込む制度ができたのです。SEC（米証券取引委員会）の上場基準にすぎず法律に定められているわけではありません。ところが、実際にはお目付け役になっていないのです。なぜなら、CEOは友達を呼んでくるからです。そうしないと自分も再選されません。また、何をしようが全部味方してくれますからね」

日本経団連副会長を務める財界人として、このような発言もさることながら、御手洗経営の本領は、キヤノンで実践している実力主義を生かす終身雇用である。つまり、一人たりとも首は切らないが、年功序列は廃し、社内競争原理を最大限に発揮させようとしている。たとえば、四十代にして年収は最大二倍の差がつく。

御手洗を「経営者としてだけでなく、人間として心から尊敬している」と言う損害保険ジャパン社長の平野浩志は、〃ミタライズム〃の本質に言及した。

「御手洗さんの魅力の源泉を一言で表現すると〃和魂洋才〃でしょう。二三年に及ぶ在米経験を生かした合理的経営を実践する一方で、社員重視など和（日本）の精神を忘れてはおられない」
恒例の行事になっているが、御手洗は、部長以上約八〇〇人の社員にボーナス（明細書）を手渡し、毎年正月には、一三の事業所を訪れ社員たちに語りかけている。
御手洗と話していると、いわゆるバタ臭さはまったく感じられない。能弁ながら、アメリカ生活が長い人にありがちな「英語まじりの日本語」を話そうとはしない。きっと心の底に「良き頃の日本」があるのだろう。（文中敬称略）
文・長田貴仁

革新をやり遂げるリーダー「5つの能力」

みたらい語録
❻

トップに必須の能力は、
簡単に言うと2つあります。
1つは、明確な目標設定が
できること、
2つ目は、その目標を
徹底的に伝え、実行に
移すコミュニケーション力です。

最強・最適のリーダーシップとは何か

リーダーシップ研究の系譜

リーダーシップとは、何か。どうすれば正しく理解し、身につけ、実務のうえで役立てることができるか。我々は、リーダーシップの必要を説く割にリーダーシップの本質・内容を知らなさすぎるのではないか。

書店をのぞいてみよう。経営書のコーナーには、マーケティングや経営戦略や財務・会計の本とともに、たくさんのリーダーシップの書籍が並んでいる。「○○○○に学ぶリーダーシップ」「リーダーシップ36の鉄則」「こうすればリーダーになれる」等々……。しかし、これらの本をめくっていくと、ひとつの重大な問題に突き当たる。そこには定説とか万人に通用する考え方の枠組み、というべきものが見当たらないのである。

たとえばマーケティングの本で、マーケティング・ミクスやマーケット・セグメンテーションについて書かれていない本はありえない。同じように財務・会計の本で損益分岐点（ブレーク・イーブン・ポイント）やキャッシュ・フローの概念を説明していない本はまず考えられないし、経営戦略の本でプロダクト・ポートフォリオについて触れられていなければ、インチキであると考えてよい。ところが、そのような「基本」ともいうべき一般に通用する概念や定説が「リーダーシップ」というカテゴリーには見当たらない。

リーダーシップを語る際によく用いられる用語としては「強いリーダーシップを発揮せよ」とか、「あの人はリーダーシップが弱い」などの強い弱いという一般的な形容詞か、あるいはせいぜい「効果的なリーダーシップを考える」などの表現であって、その先はいきなり「上杉鷹山に学ぶ変革のリーダーシップ」とか、「リーダーシップ36の鉄則」である。つまり論理や考え方の枠組みがなくて、個別具体的な事例や手法・ノウハウが脈絡なく展開されるのである。だいいち三六も鉄則があっては守りようがないではないか。

ではなぜリーダーシップには体系や定説がないのか。二つの要因が考えられる。ひとつは対象となるリーダーシップの態様がきわめて多様・多岐にわたり、理解しにくいこと。いまひとつはリーダーシップに関する学問自体、体系化が遅れていて未整備であることが挙げられると思う。この二つの問題を正しく理解することによってリーダーシップの全体像——考え方の枠組みをつかむヒントが得られるのではないか。

近代の経営組織におけるリーダーシップの研究は、一九三〇年代、アイオワ大学の社会心理学者K・レヴィンによるグループダイナミクスの実験に始まると考えてよいであろう（リーダーシップには、民主型・専制型・放任型の三種類があり、民主型が最も効果的と結論づけた）。

このリーダーシップを類型化する試みは、次にリーダーの関心事項（配慮の内容）に着目し、「仕事の成果」と「人間関係」の二軸に分けた類型化（ミシガン大学・オハイオ大学の研究）へと発展し、ブレークとムートンの「マネジリアル・グリッド理論」として結実した。

ところが、この研究を進めていくうちに、リーダーシップの類型としてすべてに通用する理想型というものはないことが明らかになってきた。そこで、フィードラーの「条件適合論」、ブランチャードの「状況対応論」が登場する。そして、七〇年代後半に米国経済が行き詰まり、打開のための変革が必要となるに及んで、最近の「変革志向のリーダー論（N・ティシー、M・ハマー等）」につながったと考えることができる。

このように見るとそこには明らかに、類型論→状況対応論→変革論への流れが存在し、現在のリーダーシップ論が「新しいビジョンの構築と組織の革新」にフォーカスしていることがわかる。しかし、書店のリーダーシップの棚には、これらの学問的なアプローチからの書籍は余り見られない。相変わらず古代の偉人や戦国武将や政治家、スポーツの監督や目立った経営者の個人業績を賛美し、学ぼうとする偉人論(Greatman Theory)や資質論(Trait Theory)、あるいはそれらの数あるサンプルから導き出しを行った行動規範論や実用的なノウハウ書など、いわゆる「古典的アプローチ」が主流である。なぜか。

ひとつには、学問的なリーダーシップ論は、多くは経営管理論の一部として扱われ、実用書として紹介される機会が少ないことにも原因があろう。しかし、より根本的な原因はこれらの学問的研究が現実世界の「リーダーシップの多様性」を十分に整理しきれていないために、散漫ではあっても顔の見える事例や明確な具体的行動指針を示した古典的アプローチのほうが人の心に直接響き、わかりやすいためであると思われる。リーダーシップを正しく検討するためには、我々は多様性の内容・要因を整理し、その中の何に着目すべきかを正しく理解・検討しなければならないのではないか。

多様性を考える

リーダーシップの多様性にはいろいろの要因があると思う。先に挙げたフィードラーの条件適合論によれば「リーダーシップの効果は、①リーダーの個性、②フォロアーの性格、および③集団の置かれた状況により異なる」とある。一応納得できる議論であるが、問題は③「集団の置かれた状況」である。このままでは、一般的すぎて対応の仕様がない。

さて、リーダーシップを役割・機能規定する集団の状況（situation）の主要項目として、筆者は、①「集団自体の目的・性格」および②「組織集団の成長段階」を挙げておきたい。

まず「集団の性格」について考えたい。

ドイツの社会学者テンニースは、名著『ゲマインシャフトとゲゼルシャフト』（一八八七）の中で、人間の社会集団・組織には、血縁・地縁・精神的な共有（宗教・趣味・文化など）に基づく自然発生的、有機的、持続的なゲマインシャフト（共同体）と、「特定の目的」を果たすために人為的に構成された、機能的、一時的な結合であるゲゼルシャフト（機能集団あるいは利益集団）があると述べているが、その発生の起源からしても、そこで要求されるリーダーシップの要件が異なることは自明であろう。前者は人間関係の親和力と成員の福祉の維持・増大が重要であり、後者は機能目的の効果的達成が第一義となる。なお、同じ「会社」というゲゼルシャフトであっても、事業内容により組織の目的・性質が異なれば、そこで要求される仕事の内容やリーダーシップの態様は異なってくることに注意しなければならない。

ところで、現実の社会集団はゲマインシャフト的要素とゲゼルシャフト的要素が入り交じって複雑な様相を呈している。たとえば古くはゲマインシャフトと定義された地縁社会も、議会や行政機関を整備して人為的に再構成されるとゲゼルシャフトの実態を持つようになる。また典型的な機能集団である株式会社組織も、個別に見れば企業文化の共有、組織間の縄張り、現場単位の職場としての一体感など、ゲマインシャフト的要素と無縁ではなくなる。リーダーシップに要求される機能もそれだけ複雑にならざるをえない。

ブレーク、ムートンのマネジリアル・グリッド理論が、リーダーシップの関心事を仕事軸と人間軸に分けて検討する背景として、この人間集団の発生原理を重ね合わせて考えると理解しやすい。会社という機能集団の中にあっても、機能目的を達成するために人間を動機づける際には、人間集団の根元的な構成原理であるゲマインシャフトの親和力を応分に重視しなければならないということである。

組織の成長過程で機能が変わる

次に「組織の発展過程の問題」について考えたい。組織の活動は、その発展段階により通常、草創期・成長期・成熟期・衰退期、そして衰退を避けようとして、思い切った変革を試みる「変革期」の五段階のフェーズに分けて考えることができる。そして、その各段階でリーダーシップの機能は劇的に異なるのである。「会社」という集団を一応の前提としてリーダーシップを考える場合には、この「発展過程とリーダーシップ」の考察が最も重大な要素になるのではないか。

組織は成長段階によって戦略の特徴・組織のあり方が大きく異なる。そして戦略・組織の特徴が違えば、組織を率いるリーダーシップのあり方、そのリーダーを支えるスタッフの役割も大きく変わるはずである。

草創期は未知数の可能性に賭けて事業を創設する時期であるからリーダーはビジョン（事業機会）を明確に定義して人を糾合するエネルギーの発生源であり、冒険心、野心の固まりでなければならない。その情熱に引かれて人の集団が生まれる。草創期の松下幸之助氏、本田宗一郎氏、稲盛和夫氏等の例を引くまでもないであろう。

成長期は、事業の量的拡大に伴いヒト・カネ・モノを調達し組織を整備する時期であるからリーダーの機能としては組織構成員であるテクノクラートを養成し、管理機構を次々と整備する組織環境の整備が重要となる。

これに対して、成熟期の組織は二つの課題を抱える。ひとつは組織自体の巨大化・老化・変化への対応力の低下などの内部課題であり、いまひとつは成長の低下と市場の変質・競合の激化など環境変化に対応して、戦略的な選択・差別化を図るなど、外部適応の課題である。ここでのリーダーシップは、同じ基本事業の中で選択と集中に、組織内部の不機能の解消に、複雑な調整と部分的変革を持続的に進めることを要求される。そのためには、すぐれた状況判断能力、内部組織の不具合と対決し改善する意欲と遂行力が要求されるであろう。

衰退期は、市場・事業の縮小に応じて、組織を効率化・縮小する（成員削減や他社との合同を含む）ことが必要となる。先を読む能力、惰性に流されず厳しく成員を削減し、その中にあって成員の士気を維持しつつできるだけ長く事業を存続させ収益を上げ続ける「守勢のリーダー」としての合理的な判断力・実行力が要求される。

「変革のリーダー」には自己矛盾がつきまとう

さて問題は「変革期」である。要約すれば、変革期のリーダーは、新しい目標・ビジョンの創設、組織制度の抜本的変革、リーダー自身の自己革新という三重の課題を克服することが要求される。

変革期のリーダーシップは、新しい求心力の中核となる新事業を立ち上げるという点では草創期に似るが、大きな違いは、既存のビジョンと価値観のもとにこれまで成長・成熟してきた「現組織が存在する」ことである。組織の方向転換の困難さをたとえて、人はよく「巨大船（組織）は舵を切っても方向転換には時間がかかる」という表現を使うが、これは「組織の変革期」の比喩としては正しくない。舵を切っての方向転換は、船自体にはなんの変更も加えずただ進む方向を変えるだけである。それだけなら巨大船でも時間をかければ可能である。

しかし、事業ビジョンの飛躍・変革を含む組織の変革は、進路のみでなく、タンカーをコンテナ船に変えるような目的や装備や運用ルール、船員（組織構成員）の再教育も含めた抜本的な変革にたとえるべきである。いままでの組織制度の延長線上とは異質の新しいビジョン・目標に向かって旧制度から脱皮することは、これまで組織の中で身につけた行動原理やサブシステムの大幅な変更を要する。まして組織が巨大化し、機能も細分化していれば、その組織原理・行動原理をつき崩し変更することは容易ではない。

「トップリーダー自身の自己変革」は更に深刻な課題である。最近の警察や行政組織の課題に見られるように、事業の基本内容は変わらず、ただ老朽化・利権化・習慣化した不具合を直すだけでさえ「改革」はむずかしい。まして既存の組織原理のもとに昇進・昇格してきたリーダーが、その組織自体の目標・価値観を否定・変更し変革を行おうとすること自体、自己矛盾を含むものである。何よりもリーダー自身の中に内在している価値観を反省し自己否定しつつ既存組織の「組織防衛本能」と真正面から対決しなければならなくなる。

その意味で日産自動車の例に見られるような、外部人材の調達は、この問題を回避する方法である。その場合は、既存組織に基盤がなく、組織内部の支持を得られにくいという問題が存在する。組織の目的・ビジョン、組織自体、リーダー自身の抜本的な変革という「三重の変革」が必要と考えるゆえんである。

旧制度から人をはがして流動化させる

ここで、わが国の企業環境を考えてみよう。戦後長く続いた右肩上がりの成長が終わり、先の読みにくい状況の中で、おそらくは誰もが総論として「変わらねばならない」ことに気づいている。ところが、いざ「変わろう／変えよう」とすると必ず障害に突き当って、現実に変革が進まないという経験を誰もが持っているに違いない。この障害要素の正体を正しく理解しないでそれを克服することはむずかしい。

実は、一言で「変革」といっても、その内容は一様ではない。前述の「変革期」の変革は、それこそ抜本的な(あるいは革命的な)変革であるが、我々が日常直面する変革は、「思いきった選択と集中」「戦略的な方向転換」「巨大組織の不機能の大幅是正(大企業病の克服)」のような変革であり、多くは成熟期に見られる内外環境変化への対応の範疇に属するものである。これらの変革に対する障害要素を統一的に理解するキー・ワードとして、筆者は「制度(広義)：Institution」という用語を考えたい。

制度とは、「社会における人の行動(広い意味の価値追求行動)が類型化されたもの、およびその行動を規定する枠組みや機構」と定義できる。人はその置かれた「状況（Situation)」に対応して判断し行動する自由を持っているが、現実には個々の時点で起こる個別の状況に、いちいちゼロから考えて対応するのは不安定かつエネルギーの消耗が大きいので、これら個々の状況を共通性・因果律・予測知識などに基づいて解釈・意味づけし、対応行動の整序・類型化を行っている。この類型化された行動様式と、それをもたらす枠組みや事物の総体が「制度」である。

この制度の態様はさまざまである。成立の過程も自然発生的なもの(文化、習慣など)から人為的に創設されたもの(企業、法律など)まで、またその領域も、国や民族のレベルから個人・小集団のレベルまであり、その強制力も、強いものから弱いものまであらゆるバリエーションが存在する。

会社組織ももちろん制度である。それを運用する人事・会計ルールや、組織に定着した意思決定プロセス、その中で働く人の類型化された行動様式等も制度である。会社組織とは、多数の複雑にからみ合った制度の総体であるということができる。そう考えていくと変革への障害の大きな要素が既存の組織の中に根づいている諸制度（組織の縄張りから個人の価値観、作業習慣の維持に至るまで）に根ざすものであることに気づく。

なお、この考え方を敷衍すると、草創期は何もないところに制度をつくる過程、成長期は事業発展に合わせて制度を拡充させる過程、成熟期は巨大化した諸制度の組み合わせの改廃微調整を進める過程、衰退期は制度の縮小均衡の過程、そして変革期は、前制度から要員を引き継ぎつつ前制度の主要な部分(目的・価値観・事業内容・運営ルール)にメスを入れ大幅に改編し、新しい目標やビジョンに合わせてデザインし直す過程ということになる。

このように考えると変革のためのリーダーシップは、旧制度にコミットしているメンバーの行動類型を流動化し、旧行動様式の否定、新しい行動類型の形成へと人々を動員する過程である。別の言い方をすれば、旧制度では対応しきれない状況を明示して、そのことについて人々の賛同を得、改編に向けて人々のエネルギーを糾合し巻き込む作業である。この「人を旧制度から引きはがして、流動化させる」作業を「運動」と呼ぶことにしよう（現制度では掬われない価値を実現するために多くの人を動員する政治運動をイメージしていただければよい）。制度の障害を克服するために、「運動を起こして人を巻き込むこと」が変革のためのリーダーシップの重要な機能である。

社会や組織は、さまざまな制度が複雑にからみ合っているが、それらを解きほぐし、旧制度のうち有効な部分を残して最大限に活用しつつも、障害となる部分を効果的に切り落とし変更する洞察力・決断力がリーダーシップに必要な要件である（第二次大戦後の占領軍も日本の全制度を否定したのではなく、憲法・農地法・天皇制・貴族院等、鍵となる組織や運用ルールは改変しながらも、大部分の法律、行政制度を温存・活用して彼らの考える民主化を抜力的に進めた事実を想起していただきたい）。

変革のためにリーダーがどのような障害（制度）といかに戦ったか。そのためにどのような運動を起こして、人々を巻き込んだか。その結果いかに障害を克服したかを考えていただけると幸いである。

変革期のリーダーが持つべき能力

故司馬遼太郎氏の史観によれば、革命期には三つの段階があり、それぞれの段階の求める傑出した人物が登場するのだそうである。

氏は、明治維新に至る過程を描いた二つの歴史小説——吉田松陰、高杉晋作師弟に焦点をあてた『世に棲む日日』と、大村益次郎の半生を描いた『花神』——の中で次のように書いている（注：筆者による抜抄）。

①革命の初動期には、予言者／理想家が現れ、多くは非命に倒れる（例：吉田松陰——ビジョンの創設）

②革命の中期には卓抜な行動家が現れ、奇策と行動をもって危険な事業を推進し、これまた天寿を全うしない（例：高杉晋作、坂本龍馬、西郷隆盛——旧体制をゆさぶり人々を巻き込む運動の展開）

③三番目に登場するのが技術者（法律、軍事、科学などの実務家）である。大村は仕上げ人として歴史に登場し、革命家たちの仕散らかした仕事を組み立てる（例：大村益次郎——テクノ

クラート、実務家）

④革命が成ったあと、その果実を取って先駆者の理想を捨て、処理可能な形で革命後の世をつくるのは処世家の仕事である（例：明治の元勲たち）

この史観は、国家政治レベルの革命という異常事態についてのことであるから、そのまま経営の世界にあてはまるものではない。しかし参考になる要素を多く含んでいる。ひとつには、大きな変革には複合的なプロセスがあり、そのプロセスごとに異なったタイプのリーダーシップが要求されること、いまひとつは、リーダーシップは一人の所業である必要はなく、多くの場合、複数のリーダーのコンビネーションが必要・有効だということである。一人のリーダーがすべての機能を体現することは容易ではない。

さて、経営の世界にこの考え方を敷衍して、変革のリーダーシップについて考えてみよう。もちろん経営における変革は、変革期のみに必要となるのではなく、成熟期にも、衰退期にも適切な改革・変革は必要であるし、成長期にも、成長の方向を是正したり、よりよい機会を求めて成長を促進する行為も、選択という名の変革（現状変更）と考えることができる。

変革のためのリーダーシップの要件は、それらのすべてのケースを統一的に説明できることが望ましい。検討の過程は省略するが、結論的には、

①現状を正しく認識する能力（現状認識・把握力）
②ビジョンを構成する能力（ビジョン構成力）
③人を巻き込む運動展開能力（運動展開力）
④制度化・制度運営能力（制度改変・運営力）
⑤自分自身を変革する能力（自己変革力）

の五つに要約できると思う。

以下、制度の抜本的な変革の例としてヤマト運輸の宅急便への変身を、成熟期における内部改革の例として日産自動車におけるゴーン氏の改革を、変革が必要でありながら達成できなかった例として大手金融機関、大手小売業、大手食品会社の共通の要素を引き出しながら、解説を試みたい。

現状認識・把握力——「現場の真実」をいかに汲み取るか

すべての変革への出発点は、現状の正しい認識から始まる。「現状」とは、外部環境のみならず、自社の組織・制度等、内部環境も含むものでなければならない。

まず、全体観として、自社（事業）が成長曲線のどの段階にあるかを常に自覚しておくといい。そのうえで、市場や競合相手の動向、技術の動向、自社存立の与件である外部諸条件を的確に把握する。そのうえで、自社の組織はどのように機能しているか、不具合や不適切、より効果的なアレンジの可能性など会社内部の諸課題とを正しく認識しておく必要がある。

二〇〇〇年一月に日経新聞に連載されていた小倉昌男氏の「私の履歴書」を読むと、経営者として、氏が現状を正しく認識・把握しておられたことがよくわかる。一九六〇年代から七〇年代初期という運輸事業成長期の中で、ヤマト運輸は同業他社に対して利益率が低かったが、氏はその要因（長距離・大口貨物輸送への出遅れと小口貨物対応策の不備、路線免許取得の遅れ、創業以来の取引先であった三越の配送業務の赤字、組合運動の高まり・ストライキ、現物管理の甘さ等）を的確に把握して、「現在の延長では将来の展望が開けず抜本的な打開策が見当たらない」ことに心を痛めた。その認識が宅急便という新しい市場の可能性を模索する出発点となった。

改革に踏み切れず瓦解した会社の多くは、組織内部での規律のゆるみ、組織の肥大化による非効率、特定分野への偏向、あるいは環境変化への柔軟な対応力の欠如等、課題を抱えた現状を正しく見つめて早期に打ち手を考える努力が不十分であったことは明らかであった。事実を正確に受け止める謙虚さを失っていたのではないか。

経営のトップに要求される現状認識は、内部からの情報を通常業務のプロセスに従って受け取るだけでは不十分である。トップに上がる情報は中間管理者を経由して得られる第二次・第三次の情報である。組織のピラミッドの上部に座していると、自らの努力で心を研ぎ澄まして、第一次情報を探り、課題を敏感に感じ取り本質をつきつめるという「情報への感度」が、制度的に鈍くなりがちである。うすうす感づいてはいても、何かが不適切と思いつつも、つい時間が経過して気づいたときは手遅れ、ということになる。真実に対する謙虚さ、一次情報を探って正しい実態を把握する姿勢が、変革への原動力であることを忘れてはならない。

ビジョン構成力――「成り行き任せ」からどう脱却するか

ビジョンとは、「目に見えるように描く未来像」のことである。VISIONという言葉は、第一義的には「視覚」とか「見えるもの」の意であって、それが転じて洞察力・展望などの意味にも用いられる。単に方向や目標を（無責任に）示すだけではビジョンとは呼べない。どこまで「見えるように」描けるかが、変革を実現するための重要なポイントである。「ビジョン構成力」という言葉を使うのは、単に直感的に方向・目標を思いつくだけでは不十分で、それを現実に結びつける努力が不可欠だからである。未知の世界であるから一歩進めば、それだけ先がよく見えるようになるはずであり、ビジョンとは当初の着想とそれを探りつつ展開する「実現への発想」の全体を総称するものでなければならない。

小倉氏の場合、宅急便のヒントは、「ある時、息子の洋服のお古を、千葉に住む弟の息子に送ってあげようとした。ところが運輸業の社長である自分に送る手段がない。（中略）鉄道小包や郵便小包は『荷札をつけろ』とか『紐でしっかり荷造りしろ』といった面倒な指示が多いうえ日数もかかる。家庭の主婦は日頃不便な思いをしているに違いない」「マンハッタンを歩いているとと、十字路に米大手運輸会社ＵＰＳの集配車が四台停車していたのを見てはっと気がついた。宅急便の成否は荷物の密度にある。サービス内容が良ければ荷物の密度が高まり、いつかは損益分岐点を超えるはずだ」などの個人的な体験であった。そして実施にあたっては「一九七五年夏、新事業のコンセプトを自ら起草し、私と都築幹彦常務を筆頭に若年社員、組合幹部も加わってワーキンググループを編成して計画を煮詰めていった」と、自ら先頭に立って実現のためにビジョンの具体化を進めておられる。

ゴーン氏の場合も、「リバイバルプラン」によって単に目標を与えコスト削減を厳しく督励したのではない。ブラジルや北米でのミシュラン立て直しの体験をひっさげて、削減のための具体的な方法（要員削減、ライン閉鎖から、外注会社数の半減と一社当たり取引量の増大による部品コストの削減まで）を掲げて、購買、開発、生産などテーマごとに改善内容の具体的検討を進めるチーム（縦割り組織の弊害を打破するために「クロスファンクショナルチーム（CFT）」と名づけられた）を編成するなど、具体的なプログラムを打ち出している。

小倉氏とゴーン氏の違いは、日産の基本事業（自動車製造・販売）自体は、従来と同じで、トヨタができることができない、という組織内部の制度課題を解決する「成熟期の改革」であったことである。ヤマト運輸の場合は新事業への革新的飛躍であったために、採算ラインを超えるのに五年を要し、行政官庁との衝突もあり、実現に向けて、試行錯誤、手探りの期間が長かったといえる。変革への飛躍の程度が大きいほど、ビジョンを具体化するプログラムづくりに手間と時間がかかることを理解しなければならない。

ところで、革新が進まない会社は、あるべきビジョンそのものが欠落しているか、ビジョンの内容に問題がある場合が多いのではないか。抽象的であったり、非現実的であれば、ビジョンの価値はない。

コンサルティングの実務を通してしばしば感じるのだが、自己革新力の弱い会社の経営陣は「方向は示してある。しかるべきビジョンや目標は与えているにもかかわらず、その目標やビジョンが、実行されない。あるいは現場に伝わらない」と考えている場合が多い。ビジョンそのものが具体的に目に見えるまでによく検討されておらず、実行のためのつきつめた努力をする習慣・プロセスが欠如し、実務とのつながりが断たれており、結果としてビジョンそのものも無理を抱えた絵空事になっている。その意味で、経営者自身が、どこまでそのビジョンを信じ、コミットしているかが重要なポイントである。

このことからわかるように、ビジョンは一人のものではだめで、多くの人が信じ、共有できるものであること、リーダーの実現へのコミットメントが必要であること、先に進むにつれてビジョンがより具体的なものに進化する必要があり、そのためにはラインや現場との協業が不可欠である。

司馬史観においても、吉田松陰はビジョンの基を開いたかもしれないが、新政府の具体的なイメージは、坂本龍馬の船中八策など、維新が進む過程で複数の協力者によって具体的な姿を探りつつ進められたものであることを銘記しておきたい。

運動展開力──「味方」を増やし、いかに障害を乗り越えるか

組織・集団の中にいる人は、その集団が前提とする諸制度（習慣のような柔らかいものから、規則・機構のような固いものまですべてを含む複合体）の中で活動している。日常活動のほと

んどは既存の制度に依存し、それによって組織行動が錯誤なく効率的に進められる。組織人は有形無形に既存制度にコミットしている。これは逆に言えば、非日常的な行為である「変革」に対して、既存の制度が、障害物となることを意味する。

この障害を克服するために、リーダーは、何ものにも縛られない自由な発想と行動をもって、現制度と対決し改革への賛同者を糾合し、変革へのエネルギーを付与する「運動の提唱・推進者」でなければならない。

ヤマト運輸の場合、障害となる制度は、内外にあった。内部には既存事業に依存し安定を求めようとする組合があり、外部障害としては、路線開設や貨物運賃の許認可権を有する行政の抵抗があった。小倉氏は、内部を巻き込むために、まず組合とヒザ詰めで徹底的に話し合った。背水の陣で宅急便に取り組む覚悟を固めさせるために、松下電器などの大口荷主から撤退した。大口貨物輸送は宅急便と全く性格が異なり、変革を進めるためには二兎は追えないからである。創業以来半世紀の取引先である三越の配送も取りやめた。

一方運輸省に対しては、世論を巻き込んで、権力の壁の突破を試みた。従来の一〇キロのSサイズを改め、宅配のために、二キロ以下のPサイズの標準配送を新設し、運輸省に申請した。しかし、どうしても運輸省は認可をしようとしない。そこで「マスメディアを利用して世論を味方につけようと思い立った。まず五月一五日付の新聞で、Pサイズを六月一日に発売するという広告を出した。運輸省の早期認可を督促する狙いがあった。だが同省は動かない。そこで五月三一日付で発売延期の広告を出した。消費者へのお詫びと共に『運輸省の認可が遅れているため、発売を延期せざるを得なくなりました』と書いた」という非常手段を取った。同省は結局、世論に押される形で七五年七月に認可を発表した。

日産の場合は、内部のピラミッド階層型の組織制度と、上級管理者の意識、および冗漫な意思決定プロセスが、内部改革への障害となっていた。ゴーン氏はリバイバルプラン実施のために、通常のピラミッド型の組織を飛び越えて、テーマごとに、三十~四十代の若手管理職による九つのチーム（CFT・前述）をつくり、直接対話によって改革の具体化プログラムを進めた。上級管理職の中抜きによって、若手の取り込みを策したわけである。

ヤマト運輸や日産の組織をゆさぶるダイナミックな運動に比べて、変革をなしえなかった大手金融機関、小売業、食品会社の場合は目ぼしい運動の展開が見られないことに気づく。個人的には改革運動を展開したい人々もいたであろうが、外部から見ると、旧来組織のルールのままに硬直していて何ら目新しい運動を起こしていない。相変わらず上からの指示や統制で動き、極端な例は、経営トップの問題が世間で取り沙汰されていても、組合による「現体制支持宣言」

がなされる、という具合であった。新しい目標に向けての人々の動員・意識改革、そこに生まれる感動や熱気がなければ、変革はむずかしいということである。

制度改変・運営力——ルールを変え、どう機能させるか

新しいビジョンを具体化し展開する活動は、当初は試行錯誤による手探りの過程である。しかしやがて、方法論が確立し、それを組織全体にわたって展開し、浸透させる段階になると、旧来の制度と異なる新しい目標追求のための行動様式を定着させることが必要になる。そのためには標準化された行動様式の普及——新しい制度の設定——が必要となる。

ヤマト運輸の場合、無骨な大型トラックの運転手が、各家庭や取次店を一軒ずつ訪問して集配・集金、直接対話を行う多能工に転身する必要があった。

そのために呼称も「セールスドライバー」に改め、第一線運転手が自主的に客の信頼を得なければならないと「全員経営」を訴え、社内のコミュニケーションを緊密にする工夫を重ねた。また配送ネットワークとして航空業界の概念である「ハブ・アンド・スポーク」システムを参考に、「ベース拠点、センター、デポ」の三段階の配送網を設置し、さらに酒屋さん、米屋さん等の取次委託先を開拓して、全国ネットワークを展開した。

日産の場合は、前述のとおりリバイバルプランの具体的な実行プログラム策定の中核として、若手管理職を中心に九つの改善項目別CFTチームをつくり、このチームがゴーン氏の直接指揮のもとに具体的な改善プランを練り実行を進めるという体制を整えた。

変革に失敗した大手企業の事例を見ると、外資に買収されたり外圧が入るまで、旧制度との目覚ましい対決や、意識改革、新しい行動様式を浸透させるための新制度の内部展開が見られない。社外に対してはもちろん、ときには社内に対してすら、組織防衛のための情報隠しが行われ、それが傷口をますます広げるという結果になっている。

自己変革力——改革の最大の敵は自身の内部にあり

変革に耐えず瓦解した会社の事例を見ると、そこではリーダー自身の自己変革・意識変革が進んでいないことに気づく。言葉のうえで「自身の不徳の致すところ……」は誰しも口にされるようだが、内情は真の反省より旧態依然とした人事・昇進制度に乗った権力機構の維持という図式を抜け出ていないように思われる。このリーダー自身の変革がなければ、会社の変革はそもそも起こらない。運動の展開も従業員の動員・巻き込みも起こるはずがない。

その点では、ゴーン氏の場合は部外からの招聘であるから、トップ自身の硬直性の問題はそもそも存在しなかった。しかし、その半面、改革への支持を得るために、明快なコミュニケーションと実績を示すことが要求された。当初からの宣言である「リバイバルプラン未達の場合は辞任する」という明快な基本姿勢は、その覚悟の表現であろう。

小倉氏の場合は、二代目オーナー社長として、自ら先頭に立って自己の変革を進められた。さらにのちには、老害を意識して社長定年制を実施、自ら適用第一号となった。会長を辞める際も、自分が残ると役員会で皆が小倉氏の顔色をうかがう危険があると、一切の役職を離れ、身障者の福祉財団の仕事に専念する等、自己の変革に対する厳しい姿勢が貫かれている。

以上、変革のためのリーダーシップの要件を挙げて説明したが、読者の中には、人への配慮・人間関係について言及がないことに疑問を持つ方がいるかもしれない。「リーダーシップ」は人間の集団を対象とするものであるから、人の取り扱い、人への配慮抜きに考えられない。しかし、人間関係が大切なのは、「変革のためのリーダーシップ」の固有の要件ではなく、平常時の業務遂行のためにも当然必要である。

ブレークとムートンのマネジリアル・グリッド理論は、社会学（グループダイナミクス）からのアプローチであり、業務の内容が確定している集団のリーダーシップ・スタイルを検討したものであった。変革期には、この「仕事軸」が不安定になる。今までの業務内容を否定して、新しい仕事の進め方を模索するわけで、そのためのビジョンと運動が必要になるからである。

変革期のリーダーシップにおける人間関係は、二つの意味で重要である。ひとつは複数リーダー間のチームワークの問題、いまひとつは集団全体の人的配慮・取り扱いの問題である。

成功した創業者の事例を見ると、リーダーが一人ではなく、複数人のチームであることが多い。ソニーの井深大氏に対する盛田昭夫氏、ホンダの本田宗一郎氏に対する藤沢武夫氏、松下電器の松下幸之助氏に対する井植兄弟や高橋荒太郎氏、カシオの樫尾四兄弟の結束など枚挙にいとまがない。

ゼロベースで新事業を築く創業期ですらそうなのだから、まして前制度の障害を排し、新ビジョンを推進し、運動を展開していく変革期は、すべてを一人で行うことは困難である。ビジョンの共有を軸に結束したリーダーグループのチームワークに期待したいところである。

ところで、この人間関係の課題で、日本のリーダーシップにありがちな「変革への障害」がある。リーダーシップが機能・能力を中心に構成されず、人間としての上下、つまりリーダーが部下を人格的に包摂し、下の者はいつまでたってもリーダーに対して頭が上がらない、という事態に陥りがちな社会文化の課題である。

年功序列と終身雇用のゲマインシャフト的組織体においては、組織全体が、一人のリーダーによって左右されがちになる。トップの公私の区別が曖昧になっても、部下がそれを受け入れてしまう。トップの間違いに気づいても、誰も首に鈴をつけることができず、「リーダーの存在そのものが変革の障害になる」現象が生まれやすい。部下が、組織の中で独立した機能を持つ自立した存在としてリーダーに対して対等のもの言いができないからである。

さらに、変革を目指すときに、「変革のビジョンそのもの」を議論しないで、リーダー個人の人格に期待し、管理職の首のスゲ替えをすることにより変革を期待する、という現象を生ずる。派閥人事にとらわれない人事異動をすることが大変革と受け取られてしまうのだ。しかし、それだけでは本質的な変革を保証することにはならない。変革の中身はあくまでもビジョンであり、制度機能の抜本的改善である。人事はそのための手段であって目的ではない。

この意味で、日本では内部からの変革のエネルギーが生まれにくく、人間的なしがらみを持たない外部リーダーの導入が有効な場合が少なくない。ゴーン氏はその例である。彼は誰が見ても明らかな収益回復という目的に向かって、過去の人間関係にとらわれず機能的・合理的な思考と人材活用に腕が振るえた。リストラによる人員削減、管理職を中抜きし、若手との直接対話による項目別実行計画の策定・実施、結果としての収益改善と従業員士気の向上というシナリオが描けた。

変革に失敗した大会社の例で見ると、リーダーシップの序列である管理階層の膠着が、変革への自由度を失わせた様子がうかがえる。お互いの人格的なつながりや思いやり、合議による意思決定は一見「従業員との仲間意識や配慮」があるように見えるが、会社が倒れ、職を失う事態になっては真の人間志向にならないことは明白である。

真に経営責任を考え、会社を愛し、従業員を愛するのであれば、組織と環境の現実を謙虚に受け止め、常に正しい一次情報を求めて自社を客観的に見つめ、課題に対しては果断にメスを入れて改革を断行する勇気が必要である。人間関係は、そのような合理精神を基軸とし、組織人としての機能的な「人格の独立」を背景に共通のビジョンを求めて切磋琢磨するものでありたい。

文・後　正武

「キヤノン式」職場の用語30

みたらい語録
⑦

社長はもちろんですが、
社員一人一人も
「全体最適」を考える
習慣を身につけると
会社の業績に貢献するだけでなく、
自分の仕事術の
レベルアップにつながります。

伝統文化

三自の精神

「自発、自治、自覚」の頭文字から取った「三自の精神」はキヤノン創立以来の行動指針。自発は何事に対してもアグレッシブに挑戦する。自治は自分を厳しく管理する、自己責任。自覚は、自分の立場、役割、状況をわきまえる。自分の人生は自分で切り開いてほしいということ。

終身雇用

アメリカの経営スタイルを熟知する経営者ながら、御手洗社長は終身雇用の維持を標榜する。同時に、より実力主義を反映した賃金体系への移行を進めたのは、日本的な風土では、終身雇用と実力主義の人事がセットで、最も社員の能力を引き出すという信念が背景にある。

実力主義

「人間尊重主義」の考えに基づく社是（実力主義、健康第一主義、新家族主義）の一つで、戦前の階級・学歴社会の中、進んだ考えだった。今でも、男女、学歴による給与差もない。二〇〇一年には、定期昇給を廃止し個人業績が賃金に反映する新人事制度を導入、実力主義をさらに徹底させている。

健康第一主義

戦前から戦後へかけ、日本社会の働く環境や生活環境は恵まれてはいなかった。産婦人科医だった初代社長・御手洗毅氏は社員の健康を大切に考え、結核の集団検診、日本初の週休二日制導入などの施策を講じた。現在も、健康管理室で健康指導を行うほか、体育館やプール、トレーニング施設なども持つ。

新家族主義

社員一人ひとりがキヤノンという大家族の一員という考え。会社は社員全員のものであり、会社の繁栄は社員、社員家族の繁栄となるというもの。

共生の理念

人間尊重主義の考え方を基に「世界人類との共生」という企業理念を明示。人類が末永く共に生き、共に働いて幸せに暮らせる社会を目指す。

フリーバカンス・リフレッシュ休暇

年に一度、好きな時期に五日間の連休を取得できるフリーバカンス制度がある。二〇〇三年から、各自の有給休暇からの拠出となった。また、勤続五年ごとに三〜一〇日の連休と五万〜三〇万円の金一封が支給されるリフレッシュ制度を持つ。

経営革新

トップダウン

御手洗社長はリーダーはトップダウンで目標設定することが必要という。このとき部下の意見は聞かない。ボトムアップはそのあとの実行する段階で考える。トップダウン経営を実践している御手洗社長は、四六時中、仕事のことを考えている。

利益優先主義

御手洗氏が社長に就任して最初に行ったのが、利益優先主義の徹底。事業で利益を出すことが、社員の生活の安定、株主への利益還元、社会への貢献、存続のための先行投資を可能にする。

現場主義

御手洗社長は、「演繹と帰納」、つまり考えたことを確かめるために、常に生産や開発の現場に足を運ぶ。目標や計画が実績を挙げているか自分の目で確認し、現場と意見交換する。また、年初に一カ月間かけ国内十数カ所の事業所を見て回るが、これも現場主義の考え方による。

キャッシュフロー経営

キャッシュフローとは、ある期間に事業が生んだ資金と出ていった資金の収支のこと。キャッシュフロー重視の経営は流行の手法だが、キヤノンは財務体質を強化するために導入し、成功している代表的な存在。連結のフリーキャッシュフローは四期連続で一〇〇〇億円を超え、二〇〇三年一二月期の純利益は二七五七億円となった。御手洗氏の社長就任時三五％近くあった有利子負債比率は今期は三・一％まで下がった。実質上、無借金経営といえる。

全体最適と部分最適

各事業部が会社全体の利益を考えるのが全体最適。かつて事業部制が行きすぎた面があり、販売会社の子会社に在庫を押し付けるなどの問題があった。このようなある事業部だけにメリットのある部分最適は会社全体にとってはムダなコストを発生させる。御手洗社長は、幹部だけでなく、全社員に全体最適の考え方で行動するよう語りかけている。

事業本部別・連結経営評価制度

事業部の業績を連結ベースで評価する制度。これにより、各事業部門が全体最適の考え方を持って活動するようになった。

スピード&クオリティ

標語の一つ。すべての仕事に速さと質を求める。会議でも出席者各自が結論を持って参加することが求められ、一度で実りある結論を導き出すのが鉄則。

知財

特許などの知的財産。また、知的財産法務本部の総称でもある。キヤノンの特許取得は、アメリカではIBMに次いで二位（二〇〇三年）。現在保有する特許は約八万件にも及ぶ。国内では知財戦略で最も進んだ取り組みをしている。御手洗社長は、「知的財産と産業の結びつきが強化され、日本における産業再生の原動力となる」と語る。

投資の一〇％枠

オリジナルの技術にこだわり、研究開発を重視するキヤノンは、単独売り上げの一〇％以上を研究開発に継続的に投資してきた。

朝会・昼飯会議

御手洗社長を筆頭に、役員は毎日七時半に出社。八時に全員集まり、一時間ほど経済情勢や社会情勢などについて忌憚のない意見交換をする。役員間の情報共有化、信頼関係の構築、共通の価値観を持つ効果がある。また、御手洗社長は、昼食時、五分で食事をして、残り五五分さまざまな議題を話し合う。メンバーは議題に応じて集められる。

英語力

世界規模でビジネス展開するため英語力も求められる。TOEICのスコアが六〇〇点以下の社員は英語圏の海外事業所に赴任できない。現在は販売会社としての色彩が濃い海外現地法人を研究開発機能も備えたメーカーに脱皮させるため、日米欧、三本社体制の確立を進めている。

開発革新

タスクフォース

特定の作戦や任務の遂行のために編成される部隊の意味だが、新しい分野の新商品開発など、新事業に取り組む際に組織横断的に結成されるチーム。

試作レス

コストの削減と、開発のスピードアップのため試作製作回数を減らしている。製品プラットフォームの共通化、3D-CADの導入、シミュレーション技術・解析技術の高精度化により、実機の試作を可能なかぎりゼロにすることを目指している。

KI

正式名称は「技術KI計画（Knowledge Intensive Staff Innovation Plan)」。技術者の知的生産性向上を目的とした活動で、キヤノンではインパクト・コンサルティング社社長の岡田幹雄氏の指導の下で九九年から展開してきた。わいわいがやがやと自由な雰囲気で話し合い、技術的な課題を洗い出す「ばらし」会議など、新製品開発のプロジェクトチームの運営を円滑にし成果に繋げるための活動。

独自技術

自社での開発へのこだわりは強い。普通紙複写機の商品化の際も、ゼロックス社の特許の網をかいくぐるように独自の電子写真方式を開発。一方で、近年は、平面ディスプレーの東芝との共同開発など、自社にないものは提携、M&A等で取り入れるスピード経営に向け、軸足が動いている。

キーテクノロジー

使いまわしが利く基盤となる技術。商品機能の向上、開発効率アップに繋げる。

生産革新

セル方式

ベルトコンベヤー方式による量産ラインでなく、作業する一人あたりの作業工程を増やし、少人数で一つの製品の組み立て作業を行うのがセル（細胞）方式。これにより、生産要員の技能が向上し、在庫の圧縮、納期の短縮も進み、需要の変化にも柔軟に対応できる。また生産の効率化により、外部に借りていた倉庫は二九カ所削減できた。

活人・活スペース

「活人」は、生産革新による生産要員の削減のこと。二〇〇三年まで累計三万六〇五〇人に及ぶ。契約社員の調整により、約一万人の人件費、年間二四〇億円のコストダウンが進んだ。また、ベルトコンベヤーは約二万《メートル》（九八年～〇二年）を廃却、生産スペースの削減（＝活スペース）は、七二万平方《メートル》に及んだ。工場五つ分以上の広さになる。コストダウン効果は累計で二二九〇億円（九八年～〇三年）になる。

マイスター制度・名匠

ドイツで職人の親方を呼ぶ言い方から転じて、工程数の多い製品を短期間で組み立てられる高度な技術を持つ作業者を「マイスター」と認める。一方、レンズ研磨、塗装、金属加工など専門分野の社員を対象に、優れた技能者を国の「現代の名工」、都道府県の「卓越技能者」に申請。認定された者をキヤノン社内でも「名匠」に認定する。五〇万円の報奨金のほか、再雇用期間が延長される。

知恵テク

産業用機械と同じような働きをする道具を自社で安く作る。御手洗社長が視察した際に、知恵を駆使し、しかも安くて便利な道具を見て、知恵のテクノロジー、つまり知恵テクと呼んだ。

5S

生産改革のコンセプト。整理、整頓、清潔、清掃、しつけの五つ。職場の生産性向上のための必須事項とする。

週次製販

市場に直結した製造体制を築くために、それまでの月ごとに立てていた生産計画を、週ごとに短縮した。取引先との間の受発注、資材の調達から在庫管理、製品の配送まで、いわば事業活動の川上から川下までを総合的に管理することで余分な在庫を削減し、コストを引き下げる効果がある。

装置産業

中国、アジアへの工場の移転が進む中、キヤノンは国内生産の維持も考えており、その切り札が装置産業だ。重厚長大型の工場ではなく、キヤノンの高収益を支える武器の一つであるトナー、インクカートリッジなど採算の高い化成品などの生産がそれに当たる。少人数のオペレーションで行えば、人件費も稼働率で吸収できる。装置産業の独自技術を生かした高付加価値の化成品の生産は原則として中国など海外に移転しない。

著者一覧

中原 淳

1947年、岡山県生まれ。早稲田大学第一文学部東洋哲学科卒業。青春出版社勤務を経て、KKロングセラーズ編集長を務める。その後、フリーライターとして独立。ビジネス、人物ルポなど幅広い分野で活躍中。

小川 剛

1964年、東京都生まれ。中央大学法学部卒業。編集プロダクションを経て、フリーライターとして活躍。週刊誌、月刊誌、書籍と幅広い舞台で、経営、ビジネス、人物、金融、技術など幅広い分野で活躍中。

溝上憲文

1958年、鹿児島県生まれ。明治大学政経学部卒業。経済誌記者などを経て現在フリージャーナリスト。経営、ビジネス、人事、賃金、年金問題を中心に活躍。著書に『年金革命』『「会社に残るあなた」の最強知識』など。

岡村繁雄

1954年、東京都生まれ。東海大学文学部卒業。専門紙、経済情報誌記者を経てフリージャーナリスト。経営、ビジネスの分野を中心に幅広く活躍中。著書に『平成独立開業記』『成功企業に見る勝ち組の条件』がある。

長田貴仁

1956年、神戸市生まれ。同志社大学文学部英文学科卒。早稲田大学大学院社会科学研究科修士課程修了。『プレジデント』主任編集委員。経営関係の著書多数。論文に「日本エレクトロニクス産業の動態研究」他がある。

後 正武

1942年生まれ。東京大学法学部卒業。ハーバード大学経営学修士。新日本製鉄、マッキンゼーアンドカンパニー、ベイン・アンド・カンパニー取締役副社長日本支社長を経て、東京マネジメントコンサルタンツ代表。

キヤノンの掟

「稼ぐサラリーマン」の仕事術

発行　2004年4月17日　第1刷発行

編者――――プレジデント編集部
発行者――――綿引　好夫
発行所――――株式会社プレジデント社
〒102-8641　東京都千代田区
平河町2-13-12
ブリヂストン平河町ビル
電話――――編集(03)3237-3737
販売(03)3237-3731
振替――――00180-7-35607
印刷・製本――――大日本印刷株式会社

ISBN4-8334-7021-7C0034 Printed in japan